服装展示创作研究

霍美霖◎著

中国纺织出版社有限公司

内 容 提 要

本书主要针对服装展示发展历程、服装展示包含的内容以及创作方法等进行阐述，并以国际化视野贯穿于创作之中，从而达到拓展当代服装展示艺术创作新内涵的目的。本书分为动态展示和静态展示两大主体内容。服装动态展示主要在继承和弘扬我国优秀传统文化与当代艺术成果的基础上，汲取外来艺术中对时装表演有意义的内容，同时把建筑设计中的造型艺术、平面设计的点线面、视幻艺术等渗透到现代的动态展示设计中；静态展示则围绕卖场陈列，包括空间、色彩、材料、橱窗、照明等的整体设计进行叙述。

图书在版编目（CIP）数据

服装展示创作研究 / 霍美霖著. -- 北京：中国纺织出版社有限公司，2022.12

ISBN 978-7-5229-0248-7

Ⅰ. ①服… Ⅱ. ①霍… Ⅲ. ①服装－陈列设计－研究 Ⅳ. ①TS942.8

中国版本图书馆 CIP 数据核字（2022）第 253502 号

责任编辑：郭 沫　　责任校对：江思飞　　责任印制：王艳丽

中国纺织出版社有限公司出版发行
地址：北京市朝阳区百子湾东里 A407 号楼　邮政编码：100124
销售电话：010—67004422　传真：010—87155801
http://www.c-textilep.com
中国纺织出版社天猫旗舰店
官方微博 http://weibo.com/2119887771
北京华联印刷有限公司印刷　各地新华书店经销
2022 年 12 月第 1 版第 1 次印刷
开本：787×1092　1/16　印张：8
字数：236 千字　定价：69.80 元

《 前 言

    服装展示包含丰富的知识和深刻的内涵，其目的在于用最恰当的表现方式将服装展现给观众，直接展示的是服装产品，间接展示的是设计者和策划者的专业技术、艺术修养等。

    笔者多年从事服装动态展示的教学工作，累积了丰富的教学和实践经验。博士研究生毕业后，再次静心学习，在此过程中，笔者对于服装展示艺术的创作也有了更深入的理解。在长期的一线教学与自身学术不断完善的过程中，为本专著的撰写奠定了坚实的基础。

    《服装展示创作研究》是2023年吉林省教育厅科学研究项目《基于吉林民族服饰数字化展示创新与应用研究》的成果。本专著将服装展示分为动态展示和静态展示两部分，对服装展示的类型、创作程序、方法等方面的内容进行详细阐述，尤其针对数字化展示创新研究是本专著的亮点。同时结合实例，配有一手文献与图片资料进行内容的诠释与完善。另外，附录"2023年吉林松花江畔服饰时尚科技发布会"是笔者的科研创新团队万修琪小组的参赛作品，作品以民族服饰为主线，结合当今时代科技兴国的发展背景，在原有的传统表现形式基础上融入了科技手段的展示。

    撰写过程中，东北电力大学艺术学院硕士研究生冯汝月、余红婷、周芷宇、唐靖淇、王熠瑶，本科生徐宁、刘亚茹、代钰晨、朱梅臣等同学在文字誊录、资料收集、图片拍摄与文字校对方面做了一定的工作。

本书在编写过程中，得到中国纺织出版社有限公司领导和编辑的大力支持，以及笔者所在单位东北电力大学领导和同事的支持与帮助，在此表示衷心的感谢！

由于著者水平有限，加之时间仓促，本书在内容上难免会有不足之处，祈望广大同仁和读者给予批评指正。

霍美霖

《 目 录

第四章　服装静态展示概述 ························· 055

第五章　服装静态展示创作 ························· 061

第一章

服装展示概述

一、展示设计

（一）展示设计的起源与发展

展示艺术在人类社会发展史上产生得较早。由于原始社会科技不发达，人们对大自然的神奇力量很无知，以致产生恐惧，所以出现了宗教迷信。进行宗教活动所用的祭坛、图腾、神庙或佛寺等，实际上就是陈列佛像、宗教画和雕刻艺术的"原始博物馆"。当人类社会发展至封建社会，由于有了剩余的社会分工，进行产品交换的商业贸易也相应地发展起来，因此形成了集市。在集市上，人们把自己生产的各种物品展示于摊床之上供人挑选，这就是最原始的"展览会"。从封建社会中期起，就有了售卖商品的店铺，店铺有专门的牌匾、商标与广告，以及专用的货架、柜橱、徽号与招牌，还产生了收藏书画、珠宝和古文物的"私人博物馆"。

古文明存在的地方，很早就建立了博物馆，如古希腊、古罗马、古巴比伦和古埃及等，但以收藏艺术品为主。文艺复兴以后，欧洲资本主义经济得到发展，集市与庙会增多，随着考古学、自然科学、地质学与航海业的发达，公元18世纪末以后，为适应资产阶级发展的需要，英、法、奥、捷、德等国先后建立了自然博物馆、地志博物馆、人文博物馆、工艺美术博物馆和科技博物馆等，并在巴黎和伦敦举办了正式的展览会。展示设计作为一个学科，是从18世纪末在欧洲开办世界性的博览会开始建立的。但展示设计的真正发展是从19世纪开始的。19世纪初，欧美出现了橱窗陈列和商品广告。随着工业革命的到来，社会生产力的提高以及科学技术的进步，为举办国际性的展览提供了有利条件。1851年，在英国伦敦海德公园举办的第一届万国博览会是世界上被公认的最早的国际展览会，它不仅反映了英国工业革命的巨大成果，也为展览会、博览会向着专门化、规模化、规范化方面发展奠定了里程碑式的基础。1876年，美国为庆祝其独立一百周年，举办了费城博览会。这次博览会展出了世界各地的珍贵艺术品，还首次展出了贝尔发明的电话机，爱迪生发明的电报机、留声机、打字机。博览会宣告了电器时代的到来，将美国塑造成一个最具发明创造力的工业大国形象。参展各国首次建有自己单独的展览馆，这种各国独立分开展出，自己建馆或独占一座展览馆的做法，从这届博览会开始一直延续至今。1889年，在法国巴黎举办了第二届万国博览会。这次博览会在展馆建筑的工程技术方面取得了重大进步，首创了专业陈列馆，使博览会的整体设计更加有序，从此提高了展示的可塑性，为展示时空的多样化创造了条件。最引人注目的是建造了重达7000吨、高达328米的埃菲尔铁塔，这也是前所未有的奇迹，给观众眺望巴黎市容提供了条件，在现代建筑发展史上具有奠基作用。1939年的美国纽约世界博览会，会期长达348天，是至今历时最长的博览会。此外，还有1958年布鲁塞尔万国博览会，1962年西雅图21世纪博览会，1964年纽约世界博览会，1970年日本万国博览会，1985年日本筑波国际科技博览会，1989年日本名古屋国际设计博览会。在1983年一年期间，世界上举办的博览会就有500多场，而到了1987年，一年间就举办了600多场大型博览会。这些博览会一般具有规模大、主题明确、参观人数多、影响和收益大等特点，并大量采用照片等辅助手段，加强了展示效果。

早在19世纪中后期，一些经济发达的国家在举办世界性的展示活动中获取了极大的实惠，因而各国纷纷争相举办，出现了一些混乱局面，这种混乱导致了浪费和办展效益的降低。为了控制这样一些展示活动的混乱局面，使国际展示活动走向健康的良性循环轨道，1912年，在法国召开的国际会议上，制定了《国际博览会条约》。因为发生了第一次世界大战，这个条约一直没能生效。第一次世界大战之后，为适应世界性展示活动发展的新趋势，1923年由法、英、德等国发起，在法国巴黎成立了国际性展示组织——国际博览会办公署。1928年起草了《国际博览公约》并沿用至今。1958年，在比利时布鲁塞尔举办的以"科学、文明与人道主义"为主题的世界博览会宣告人类进入原子能时代，此后的历届博览会上出现了新材料、新技术的应用。为了适应展示的频繁举行，展示道具日益创新，同时展示学、展示设计的研究与交流有了更为瞩目的发展。从1933年以后，无论是综合性还是专业性的博览会，其主题思想都与时代发展同步。这些博览会是人类近代文明发展的见证，反映了四次产业革命的进程，留下了辉煌的历史足迹。"主题"逐渐成为申办世界博览会成功与否的关键因素之一，21世纪举办的几次世界博览会更是主题特色鲜明，体现了时代的进步。

（二）展示设计的基本概念

展示设计是一个内涵丰富、涉及领域广泛且与时俱进、不断发展的课题。英文Display，译为展览、显示，即清楚地摆出来或明显地表现出来的意思。展示设计（Display Design）是基于收集信息和资讯，通过策划快速有效地传播给受众并接受反馈的设计活动。展示设计运用各种表现形式和方法，如策划设计、空间设计、平面广告设计、多媒体设计等，人们通过以视觉为主，并结合听觉、触觉、嗅觉等综合感官接收信息，身临其境地感受展示艺术的魅力，从而达到信息交流、传递、接受及双向互动的目的。当今的展示设计已经发展成为涉及多种相关学科的设计领域，包括建筑结构设计、室内设计、工业设计、平面设计、广告设计等。展示设计以其直观、形象、系统、通俗易懂、生动有趣的魅力，提供了人与展品进行交流、互动和观众之间沟通、理解的时空平台。展示设计是科技与时代的结合点，反映了历史脉络和演进，体现了时代的精神和特征，具有功能、精神和文化层面的内涵。展示设计被人们誉为"文化科技的结晶、历史的影子和经济发展的晴雨表"。简言之，展示设计是以高效的传递和接收信息为宗旨，在有限的空间和地域内，以展品、展示道具、建筑、室内空间、文字、图表、装饰、音像等为信息载体，利用一切科学技术调动人的生理、心理反应而创造宜人活动环境的行为。

（三）展示设计的本质和特征

1. 展示设计的本质

展示是一种有目的的行为，这是展示设计最根本的理念。从本质上看，商业展示的目的是促销，为商家实现营销目标进行最直接、最有效的宣传。但是，即便是像博物馆、美术馆等一些文化性较强的展示活动，其目的也是扩大影响，取得良好的社会效益。因此，展示设计是通过在展示空间环境中，采用一定的视觉传达手段，借助一定的展具设施，将一定的信息和内容展示在公众面前，并以此对观众的心理、思想和行为产生重大影响的创造性设计活动。展示活动是以高校传递信息和接收信息为根本宗旨的。这种将展品摆出来供人们观看（操作、演示）的形式，体现了一种相互交流、相互沟通的愿望，通过完美的展示，传递信息、宣传展品、树立形象，提高品牌的地位和知名度。展示设计通过对产品进行巧妙的布置、陈列，借助于展具、装饰物及色彩、照明等手段，营造特有的环境气氛，赋予展品活力和生命力，以招徕观者，唤起他们对展品的兴趣和情感，从而实现促销，扩大知名度。

2. 展示设计的特征

展示是针对视觉感官的"广告形式"，其大致有以下几个方面的特征。

（1）真实性

展示活动大多是通过实物性展品来构成展示的主要内容，因而更容易吸引观众或顾客。俗话说"百闻不如一见"，亲眼看见的信息直接可信，所以用展品来宣传展品，用实物来显示展品的特性，比抽象的概念或单纯的图形符号更具说服力，顾客通过自己眼睛的识别，能做出有效的判断和选择。

（2）多维性

场所、展品、观众、时间是展示设计中的基本要素。它们之间的结构关系即表明展示的空间具有多维、多元的性质。人在展示空间中的行为以动静相间的方式来观赏展品或接收信息。这与平面性广告仅通过图形、文字符号，或音像性广告通过声音、图像来传达信息的方式截然不同。平面性广告和音像性广告虽然也是通过诉诸人的视觉或听觉的形象来进行信息传达，但只是在假设的二维空间中，多维性空间展示的特征不仅在于有前面这些特征，更在于人们可以通过在空间中的位置挪动，使观看视线由上到下、由左到右、由前到后、由远及近地游历于展示空间中，通过角度和位置的变化以及身临其境的感受，全方位地观看展品或接收信息，从而更深入、仔细地认识和了解对象。所以，展示也具有开放性、透明性和参与性的特征。

（3）综合性

展示设计是一门包容广泛的综合性学科，一个专门的展示设计，往往要涉及多个领域，如展品性能、市场供求、消费心理、展览建筑空间、美学、视听艺术等方面的知识。需要具备包括绘画、雕塑、摄影、幻灯、录像、电影、现场演示、装饰材料、照明技术、管理知识、展览计划、成本核算与现场工作管理等方面的能力。

（4）科学性和艺术性

展示设计的科学性不仅表现在要应用多方面的科学知识和新的技术手段，而且包含着必须应用信息传播、市场营销、组织管理等方面的知识，来对展品的市场供求情况、消费者需求和购买心理进行深入调查研究，做出判断，得出准确可靠的市场信息，在此基础上制订出具体的展示计划。这种以市场为依据、以策划为主导、以创意为中心、以促销为目的的方法和过程，本身就具有很强的逻辑性和科学性。

展示设计的艺术性表现在必须以美的、适合的形式作为设计的基本原则。无论展品本身的形状、色彩、质地如何美丽，如果没有好的展示形式，也很难给观者完美的视觉感受。因此，这里的展品陈列，并不仅仅是随心所欲地简单堆砌或摆设，而是通过对参展者意图和展品自身特性的认识、了解，通过组合、配置、构图的形式研究，并借助背景、展具、装饰物、照明以及适合的展示主题，来创造一种和谐统一、真实感人的气氛。应该说，科学性是展示设计的基础，是展示能否取得成功的先决条件；艺术性是展示诉诸效应的基本保证。

（四）数字化展示设计

信息时代的诞生掀起了一场深刻的社会变革，改变了人们的生活、工作及消费方式。在展示设计方面，展示手段已不再局限于传统的展墙、展柜等，新的展示方式充满了互动性和综合性，数字化的展示设计更符合当前人们的阅读习惯，并以其强烈的现场感，赢得了各界人士的喜爱。

1. 数字化展示设计的概念

数字化展示设计是将数字化技术应用到展示设计中，利用计算机、网络等信息技术辅助工具，将展示的实体内容转化为符号、影像等多种信息方式，在展示设计领域，从事各种展示活动，实现展示目的。

2. 数字化展示设计的特征

数字化展示设计方式与传统的展示设计方式有着很大的不同。计算机技术具有方便、快速、精确的特点，可以在很短时间完成信息资料的收集和整理、展示空间的划分和组合等，甚至超越传统手段完成传统展示手段不能完成的任务，如空间之间的虚拟交互展示。数字技术的发展使数字化的展示设计方式更加人性化，观众可以根据需要主动地选择参观方式。

（1）以人为本的设计理念

在展示设计活动中，人是展示活动中最重要的研究对象之一，他是作为主体来领略、感受被展示物体的。要想让观众获得良好的展示体验，就必须为他们创造一个舒适的观赏环境。现代展示设计中的多媒体展示都是从人的角度改善环境质量。展示设计要更人性化、更亲切，要满足人在展示活动中对于物质与精神上的需求。

（2）交互式的设计体验

数字时代的展示设计要满足人们对于互动的需求，不能像传统展示一样，只能让观众被动地接受展示信息。观众需要主动去了解展品信息，进行最直接的交流，这是一种平等的参与。互动性的展示设计能充分地把观众的积极性调动起来，观众是以主动的姿态进行着展示活动，而不是被动地接受。观众不是作为一个旁观者来进行参观活动，而是展示活动的主体，具备了主人翁的精神。

（3）实时性的设计

传统展示设计中，展示内容往往以图片、文字等展示形式出现，不易改动，数字化展示交流改善了这一不足。数字化展示传播系统中，都是以网络基础为平台来进行信息的传播，世界上任何人在任何时间、任何地点都能对信息进行接收、传播和互动，这也正体现了数字化传播的实时性特征，保证展示设计紧跟时代的发展。

（4）利用多媒体技术的设计

数字化展示的表现离不开多媒体技术的表达，多媒体技术通过计算机的数字化结合实际环境，让观众体验实与虚的变化，使得参观环境更生动、更精彩。在进行展示设计的过程中，先进的计算机技术加上优秀的设计作品，展示空间的表达也越来越多样化，观众在多姿多彩的展示环境中，可以享受到不一样的展示效果。

二、服装展示

（一）服装展示的基本概念

服装展示是指通过视觉展现，来达到促进服装商品销售、传播品牌文化的一种方法，服装展示通常以动态和静态来演绎服装商品的功能和艺术形象，引领服装潮流的发展方向。服装展示设计是艺术性的，更是商业性的，所有的思路和技巧都以销售目的服务。当今社会是重视形象的时代，为了抓住消费者的心理，必须提升企业和品牌形象，重视展示设计是一条捷径。成功的服装展示是通过多种视觉诱导来引起消费者的注意，对服装产生记忆，最终采取购买行动的目的。

（二）服装展示的分类

服装展示设计主要分为服装动态展示和服装静态展示。

动态展示是运用着装模特在特定的舞台上或有关场所，进行的通过模特的形体姿态来表演、体现服装整体效果的一种展示形式。

静态展示分为立体展示和平面展示两种。立体展示，即把服装及饰品装饰在人体模型上进行展示，常应用在商场、橱窗、柜台等，就是我们常说的卖场展示。平面展示，即利用报纸、期刊、宣传画刊登服装照片及时装画等展示服装。

除以上两种，服装展览会也是服装展示的一种，它是生产厂家以销售本企业产品为目的而组织的时装表演活动，是设计师、服装公司、厂家或贸易部门将自己的设计样品、产品或已经成为商品的服装，介绍给买方的一种展示形式。其规模可大可小，场地不限，灵活机动。观众大都是其固定客户或准客户。观众在观看时装表演时，手持厂家设计的订单，一边欣赏台上的作品，一边选购。这种展示会可以在 T 台上进行，也可以在订货商组织的茶座间进行；可以在企业内部专门为客户展示，也可以公开发布，兼有社会宣传的作用。

三、服装展示的特征

服装展示是一种将服装产品在一定的三维空间环境中主要诉诸视觉感官的"广告形式"。服装展示设计就诉求性的特定功能而言，类似于商业美术，但就其表现形式、艺术手段等方面来说，又类似于舞台美术。总体来说，服装展示有以下八个方面的特征。

（一）真实性

服装展示具有一定的真实性，通过将服装实物与文字、图形、环境、音乐相配合，进行全方位展示。真实地展示人们生活的具体环境、用途和生活方式，使消费者有身临其境的感觉，产生一定的联想，促使消费者对产品有一个全面的了解。

（二）综合性

展示设计是一门包容广泛的综合性学科。一个专门的服装展示设计，往往要涉及多个领域，如服装款式、流行趋势、市场供求、消费心理、展示空间、美学、视听艺术等方面。需要具备包括绘画、雕塑、摄影、幻灯、录像、电影、现场演示、装饰材料、照明技术、管理知识、展览计划、成本核算、展览人才配备与现场工作管理等方面的能力。因而一个合格的展示设计者，不应只偏于某一门知识，而应是通晓多门知识并善于将其具体应用于设计工作的"多面手"。

（三）多维性

在当今的网络信息时代，信息的交流已经不受时间、空间的限制。在这样的背景下，要使展示大厅这样的空间存续下去，首先要对其存续的意义进行讨论。除了可以直接触摸服饰面料、感受质地等最直接的理由，另外就是让人能对某种服饰的品牌理念有一个感性认识。而对于感受这一人体行为，真实的多维空间再合适不过了。观看者由上到下、由左到右、由前到后、由远及近地游历于展示空间中，通过角度和位置的变化以及身临其境的感受，全方位地观看展品或接收信息，从而获得更深入仔细的认识和了解。

（四）流行性

服装展示的流行性主要体现在服装企业的新产品发布上，即向社会及消费者展示下一季的产品流行趋势。流行性具有很强的时间和空间的界限，流行的时间一过，再漂亮的时装也成了过时的衣着。对于流行性的把握，一定要了解消费者的心态、社会的文化思潮等相关信息，每一次的流行都是有社会背景的，有一种潜在的心理需求。由于服装展示的流行性，服装企业就要不断进行产品创造与设计，不断以服装展示为手段，把服装品牌的形象、设计思想和设计风格予以充分展示。在流行性的展示上，主要体现在服装的流行色、面料的材质特征和细节装饰上。

（五）功能性

从服装起源的角度讲，服装的功能性主要体现在人体保护说和人体装饰说。前者是指保暖蔽体、挡风御寒、保护身体；后者是反映出人们精神上、心理上的需求。除此之外，随着社会的不断进步和发展，人们在新的领域又有了新的发现。服装作为一种商品，也必须与当代的科技发展紧密结合，在服装材料的开发与应用方面，表现服装商品的新功能和高科技技术含量，这也是服装展示的一项重要任务。

（六）独特性

服装展示属于视觉营销的一种方式，在激烈的市场竞争下，促使商家通过各种手段来展示自己品牌服装的个性。所谓的独特性就是指在服装展示设计的表现手法上要新颖，营造一种适合自己服装品牌特点的环境和氛围。当消费者进入一种生活空间或理想境界时，会被这一独特的魅力所吸引，全身心地得到感受和熏陶，使消费者把这个品牌及其商品作为首选，成为忠实的消费者。

（七）科技性

许多现代艺术形式与思潮都对现代服装展示设计产生了重大影响。服装展示不是盲目的，要科学地布置空间，合理地设计展示的灯光、展具、色彩等，要符合人体工程学和人们的视觉心理需要，同时又要针对不同风格的服装品牌，将服装的艺术性与展示的风格相结合并融为一体，起到突出和烘托服装的作用。随着艺术思潮的发展，服装展示作为一门艺术形式也要与时代的发展紧密结合，不断营造服装品牌文化。

（八）经济性

经济性是寻求商家与市场沟通的最有效手段。以服装展演为例，寻求一个客户，以展览形式获取的成本远低于其他形式。时装展演正成为现代都市中的一道新的风景，观众得到的是全新的体验，而对于商家又是最具效率的推销形式，双赢的结果成为此类展示的最佳推动力。事实上，这样的因果关系也适用于其他大多数商业展示。

第二章

服装动态展示概述

一、服装动态展示的背景

随着市场经济的迅猛发展，信息化时代的步入，服装表演行业经过100多年的演变进化，已经取得初步成效，特别是中国加入WTO后，21世纪的服装表演艺术也越来越规范化、专业化、市场化、国际化。

世界上最早的真人模特是在1846年，英国人查尔斯·沃斯在法国一家巴黎时装店，让女营业员玛丽·维纳特披上他设计的披肩在店里走来走去，玛丽面容姣好、身材匀称，从而吸引了很多顾客，这也成为世界上的第一次服装动态展示，玛丽·维纳特也就成为世界上第一个女性时装模特。真人模特的出现，使时装秀为服装行业的发展注入了新的活力。初具规模的服装动态展示是1908年，一位英国服装设计师在伦敦一商店内，用平台作为舞台，且以现场伴奏的形式进行表演的一次演出。他的目的是促销服装，这完全是属于商业行为的展示，而且是以服装、音乐、表演融为一体的艺术形式。

1914年，由美国芝加哥服装制造协会在芝加哥新麦地那寺庙会举办的较有规模的一场服装秀，第一次出现了舞台、音乐、百名模特、250套服装，在当时轰动一时，被称为"世界最大系列表演"，对服装行业的发展起到了极大的推动作用。1917年，美国芝加哥服装制造协会在芝加哥湖滨大剧院举办的"时装世界"服装表演，第一次把电影融入服装秀中，运用背景变化渲染服装展示的效果。

此后，服装表演逐渐成为一个独有的行业，有自己的展示方式，有相对稳定的社会需求，被越来越多的人接受和认可。1928年，世界第一家模特经纪公司在美国诞生。1937年，在美国出现了男性模特，男女模特可同台演出，这时，模特队伍有所扩展，模特机构越发健全，使得模特有了固定的收入，更加稳定了模特这一职业的社会地位。1970年，高级音响、灯光运用在了服装表演中，标志着服装动态展示新的形式的出现。1971年，在法国巴黎成立了第一家跨国模特经纪公司Elite。此后，模特除了可以在T台上进行服装展示，还有机会在当时的时尚杂志上露脸，使得模特又多了一个类别——平面广告模特，时装摄影也因此出现并发展起来，以此奠定了模特在传播界的地位。

中国的服装表演起步于20世纪30年代，首次服装表演是1930年3月24日，称为"时装表演大会"。由先施公司举办，地点定在其公司二楼，并由社会名媛担任时装模特。当时在《民国日报》头版记载"时装表演大会，由3月24日起至31日止，表演时间上午十时至十二时半，下午二时至六时半，欢迎参观"。有在场观看者看后评价：一位中国女子穿着该厂特派员设计的新款时装，随着留声机传出的音乐，慢慢走到台前，还打了个圈子，然后，一位中国男子大声地说该女子穿着的服装的价格、厂家等。

由此，我们用现代的说法来总结中国有史以来的第一次服装动态展示，它具备了服装展示的多种元素：采用报纸来宣传此次演出；选择"时装表演大会"作为主题，明确具体时间、地点以及场地；有模特表演，虽然不够专业，但也是社会名媛，有知名度和观看群体；服装由国外名厂提供；有音乐伴奏，有现场解说。

虽然这一举动轰动一时，但因为展示的服装并不是中国制造，而是外国商品，所以反响并不好。但确是中国首次的服装表演，虽然不够成熟，但从对服装表演业来看，却是一次开始，有了开始，必定会发展并延续下去。同年10月9日第三届国货运动会上，其中有一项重要内容，即"国货时装展览会"，也被认为这才是中国人展示自己的国货服装，也由此转变了中国妇女的消费观念。这次展览会由上海妇女发起，在大华饭店举行，以展示名贵丝绸面料为主要内容，展览会分为"中国式"和"西洋式"两类，在上海各界产生了不同凡响。这是最早的纯中国服装秀，至此成立了服装表演队并进行巡回表演。

1979年，法国时装设计大师皮尔·卡丹先生来到中国，以服装展示的形式向中国宣传、介绍个人时装设计作品。1980年4月，上海成立了第一支时装表演队，并在1981年2月9日晚，在上海友谊电影院举行了首场演出，这是由中国人自己训练、组织、编排的一场表演，在中国首次亮相，受到了热烈的欢迎及良好的评价。1983年，服装表演走向社会，社会青年可参加服装表演班的培训。1984年，北京成立服装表演队，除北京之外，上海、天津、广州、深圳、杭州、大连、西安、成都等城市也相继成立了。1989年，大学开设了服装设计与表演专业，招收形象好、形体等方面具备模特条件的学生，培养服装表演专业人才。20世纪80年代可以说是中国服装表演业的发展期。1991年，第二届中国超级模特大赛在京举行，陈娟红夺冠（图2-1）；1992年，第十三届世界超级模特大赛，陈娟红获得"世界超级模特"称号；同年，我国第一家模特经纪公司——新丝路模特经纪公司正式成立，标志着中国迈向国际服装表演市场的第一步。

图2-1　陈娟红夺冠

进入20世纪90年代，服装表演、模特大赛、模特学校如雨后春笋般出现在中国大地上。服装动态展示进入了多元化、个性化的时代，通过新的传达方式打破了传统模式。21世纪的服装表演业更加成熟，把不可能的事情变为可能，数码科技感的舞台效果、先进的音响设备、多变的化妆造型，丰富了服装动态展示的形式，将服装表演带上了国际舞台。

二、服装动态展示的发展趋向

目前，服装表演业正以惊人的速度向前发展。近年来，我国政府职能部门越发重视，模特行业自身不断革新与创作，使国际T台上涌现出很多优秀的中国服装模特，服装展示也异彩纷呈。与此同时，新的问题伴随着服装表演的发展而显现，如何适应艺术思想全球化的今天，如何适应当今服装表演界的发展，仅仅单纯展示表演已不再适应市场的需求，要打破常规，用全新的思维去开发更新的思路。随着中西文化不断的交流，我国服装与国际时尚界的交流更加紧密。模特业已超出国界，中国优秀的模特可以凭借自身的优势跨出国门，踏上国际T台。

随着现代的商品经济、科学技术的迅猛发展，未来的服装动态展示创作将超出我们过去对模特、服装、舞台关系的局限认识，可能会更趋于人性化、地域性、后现代主义等全新概念。随着科学技术的不断进步，艺术的不断发展，服装动态展示的创作方法将会不断涌现，怎样设计出既符合时代特点，又具有特定风格、时尚的艺术效果，是我们一直以来研究和探讨的问题。在创作过程中，服装设计师、编导、策划和专业的舞美设计者应共同合作讨论，在继承和弘扬中华优秀传统文化与当代艺术成果的基础上，汲取外来艺术中一切对时装表演有意义的东西；同时把建筑设计中的造型艺术，把平面设计的点、线、面，把视幻艺术、"元宇宙"概念等渗透到现代的动态展示设计中。进入21世纪，人们的物质生活水平和审美情趣的提高，广大观众在欣赏时装表演的同时，还会时刻关注舞台美术的艺术创造。加强现代美术中的新思想、新动向与科技的联系，注意新技术、新方法、新材料的出现，从而更广泛地使用新技术与新材料来充实我们的创作，形成新的概念。

三、服装动态展示的含义

服装动态展示就是我们常说的服装表演。服装表演是服装展示的重要组成部分，是由静态展示起始，动态展示贯穿。静态展示局限于模特身着服装，在瞬间中形成最合适的造型而原地不动，它是瞬间的；而动态展示是模特着装后呈现在观众面前的整体表现，确切地说，动包含静，静也离不开动，动静结合才能构成完整的展演。服装动态展示即由服装模特穿着不同的衣服，通过各种形式的服装表演，完成其服装展现的过程，它是三维立体的呈现。服装动态展示由诸多元素构成，当任何一个元素发生变化，都会形成不同的效果。但最基本的构成元素是服装、模特、场地，当然也不能完全忽略"动态"的选择，服装动态展示的目的是更好地让观赏者看到服装本身的风格特点，模特穿着服装后可以表现出最佳的状态，淋漓尽致地发挥其功能和审美特点。

四、服装动态展示的基本要素

（一）服装

服装除了有保护身体的功能外，起因是想通过服装的穿着使穿着者更富有魅力。那么对于动态展示来说，服装是它的主体，因为没有服装根本谈不上展示。

1. 发布会中的服装

以发布会形式出现的服装表演分为两种：一种是由服装流行性研究机构及服装权威机构组织，每年发布服装色彩、款式、面料等的流行趋势，以倡导走在时尚最前端为主要目的，参与其中的服装应是最具时尚感、应季流行的，再通过服装表演的展示，生动地加以表达；一种个人服装品牌发布会，主要展示个人作品，强调个人风格，常选择最具有代表性、艺术感较强的服装，并能够体现设计师独具匠心的创意（图2-2）。

图2-2　盖娅传说2022年时装发布会

2. 促销会中的服装

促销类的服装动态展示带有商业性质，以销售为主要目的，虽然不适合展示款式夸张、色彩强烈的服装，但也不能过于随便，要能反映当季流行元素，能够在生活中穿着，无论是职业装还是休闲装，要具有一定的流行性、可看性，这样才能吸引观众，增加顾客的购买欲望。

3. 赛事中的服装

赛事类的服装动态展示分为两种。一种是服装设计比赛，如"汉帛奖"中国国际青年设计师时装作品大赛、"中华杯"国际服装设计大赛等，也有一些服装院校的服装专业在学生即将毕业时，组织学生进行毕业作品展示，这种服装表演展示的是参赛选手自己设计的服装，服装和配饰都是个人设计并制作的。所以，不需要大赛组委会准备服装，只需提供服装模特，按照参赛选手设计的服装进行分类比赛即可。另一种是模特比赛，如中国职业模特大赛、中国模特之星大赛（图2-3）等。这种比赛一般由大赛组委会提供不同类型的服装，能够充分体现模特个人魅力的。泳装展示部分，其表演主要是为了突出人体自然美，所选择的泳装款式不要太复杂。

图2-3　第二十六届中国模特之星大赛总决赛

4. 艺术文化类演出的服装

艺术文化类服装表演是非商业性的，主要是为了促进国内外交流，传承服饰文化，服装的展示与发展，可增强观众对服装内涵的理解，引导人们的审美逐渐升华。这类演出主要展示具有中华传统文化背景的服装，或是带有民族特色的服装，意在传播服饰文化，以一种全新的方式展示服饰文化内涵与特色。

5. 娱乐性演出的服装

娱乐性演出多选择在一些娱乐场所，或是各个企业、单位自发举办的娱乐活动，又或是大型文艺晚会穿插的服饰展演等。服装是以娱乐为目的，考虑活动的主题、方式；服装可带有一定的审美特性、娱乐色彩；可配合一些道具，在表演时添加情景式、舞蹈化的方式，以此增加服装的趣味性，达到演出目的。

（二）模特

在现今社会中，模特这种职业已不算新兴行业，但模特在服装动态展示中是不变的角色，通过模特的展示让观众认可服装是每位模特都应承担的基本责任，此部分"模特"主要指"服装模特"。

1. 重要性

模特，英文 Model，在服装动态展示过程中占有重要地位。模特的外在形象、形体条件以及内在修养等，对于一名优秀的模特来说尤为重要。优秀的模特往往不会固守自己的个性，而是会针对不同的服装作品，有自己的诠释，模特对服装有新的感受，穿在自己身上的服装不是普通衣料的堆积，而是艺术精品，需要赋予这些服装灵魂。尽管是生活中可以穿着的休闲装，但在台上展示出来的也是超常规的表演，如中国名模莫万丹在每次服装动态展示中，都不会一味地展示自己，而是根据不同的服装风格、不同的表演主题，淋漓尽致地发挥自己的表现力，并挖掘服装潜在的魅力。

2. 基本要求

服装动态展示的模特身高标准，一般女模特约175cm，男模特约185cm。目前国际时装模特身高多在178cm，身高可上下浮动2~3cm，因此175~181cm的女模特都在标准之内。作为T台模特，除身高具有优势，还要骨架匀称、三围尺寸标准，并拥有和谐的比例，即包括头身比、三围、上下身比例、大腿与小腿围度之比等，双腿要修长挺直，形体曲线流畅；外貌形象应五官端正、轮廓清晰，虽然在相貌要求上与身高相比没有特别重要，但模特行业具备新的评判标准，对于面部的考评也很严格，现今的"超模脸"趋势，即轮廓相对比较硬朗，线条感十足，有一种更大气的美感。

3. 展示技巧

会走的模特不一定是一个好模特，会展示的模特才堪称优秀。这个"展示"包括能够恰当地把握服装设计师的设计理念，通过自如的表演展示出服装的真正含意。若想做到恰如其分，除了掌握基本的步伐、转身、亮相、造型等，还要学会进行服装动态展示的技巧。把握服装动态展示的变化细节，一方面是模特与肢体动作的关系，即怎样走"猫步"、怎样扭胯、怎样摆臂、头部的动作如何、四肢与躯干的关系等；另一方面是肢体动作与服装的关系，即如何运用服装、饰物，镜头前的造型训练，不同类型服装的不同展示方法等。

4. 自我修养

成功不单要靠自己付出的努力和汗水，还要依靠自身的素质。加强理论学习，进行各种艺术熏陶，不断刻苦训练表演技巧，都是提高综合素质的方法。有一些模特没有经过长期的训练却在比赛中一举夺冠，只能说明她们本身具备作为模特的潜质，若后期不深入学习也只能是昙花一现。从国外形势上看，在历年的选美赛事中，委内瑞拉小姐夺得4项"环球小姐"大赛和5项"世界小姐"大赛的桂冠，这要归功于打造美女的"索萨法则"。索萨要求被培训的模特要重新学习步态、造型、表情，对舞蹈、礼仪、姿态、言谈等多方面的内容，要不断进行改造，从而提升模特的自我修养。50多岁的世界超模辛迪·克劳馥的模特生涯之所以较其他普通模特时间长，正因为她对自我修养很在意，每次的演出从不迟到，并非常注意与其相关人员的默契配合。

回忆历届我国知名模特和现在活跃在T台上的模特，无一不是付出艰辛的努力，这份艰苦和辛酸只有从事模特和涉及模特相关行业的人员才能够体会。吕燕从一个县城女孩到成为中国第一代国际超模，又成为服装设计师，拥有自己的服装品牌，她的成功绝非偶然，而是靠自己的坚持不懈以及各方面的努力不断提升，她对自己的管理、组织能力非常注重，虽然她不是最好的，但她能让自己变得更好，她认为"每个人该学会为自己造就新的机会，而不能只是被动等待机会的降临"。国际超模刘雯从小镇女孩到国际超模：2008年成为超A类模特，首闯国际时装周，刷新了中国模特在欧洲T台27场的纪录；2009年时装周期间，她在不到一个月的时间里走了74场秀，最高纪录一天6场，享有"秀霸"之称。想成为一名优秀的模特，应该注意对自身的再包装、再塑造能力的不断加强，以顺应市场需求。自身素质的提高没有捷径，要靠自己一步一个脚印，不断积累、善于总结、熟能生巧，以适应竞争激烈、环境恶劣的模特业。

（三）场地

服装动态展示的场地是指演出的大环境，展示的场地取决于演出的主题和形式。服装表演的场地可设在室内或室外，室内通常是指剧场、展览厅、演播厅、酒店、商场等。由于时装表演具有特殊性，所以选做动态展示的场地，还应根据需要临时搭建舞台，或在原有的基础上进行补充。专业的表演场地内设T台，专业的灯光、音响，场内能容纳几百名观众。室外场地一般包括体育场、商场外部、广场、著名建筑物等。

场地除了包含欣赏者能够看到表演者展示的空间，还应包括后台部分观众看不到的空间，如模特和后台工作人员出入的地方或换衣间、化妆间等。当看到模特光彩照人地在舞台上展示时，其实这背后是多少人忙碌的身影。

五、服装动态展示的特征

（一）综合性

众所周知，服装动态展示不仅是人体的艺术展示，还是高度综合的整合艺术，它是一门综合性学科，一项系统工程，涉及多个领域，包括服装设计、服装美学、舞蹈、音乐、化妆、灯光、美术、展示设计、环境艺术等。另外，它的综合性还体现在参与演出的所有人员，包括策划、编导、服装设计师、模特、音响师、灯光师、舞美师、舞台监督、催场员、造型师等与演出相关的人员，通过各部门之间的通力合作，达到统一思想并付诸行动，最终完成理想的演出效果。

（二）经济性

服装展示除了考虑前瞻性、可看性、观赏性，还要考虑经济效益。任何一次服装动态展示都受经济的制约，有良好的经济基础才能把演出规模制作的大一些、整体效果更精良一些。2005年，卡宾时装发布会在石狮市政府大楼广场举行，舞台使用了100个集装箱作为舞台背景，灯光用8台20吨的吊车作为支架，100名模特进行演出，2万名观众参与，FTY全球现场直播，堪称奇迹，被称为"巨型时装秀"。秀场是高级时装与大众连接的媒介，既可以传递时尚，也能够吸引众人关注，法国奢侈品品牌香奈儿一直通过打造梦幻的秀场，来吸引年轻人的注意，从而实现品牌营销，增加品牌收入。2018年，香奈儿第一次公布财务报表，香奈儿营收逼近100亿美元，远超古驰和爱马仕。

（三）时尚性

新奇性、差异性、模仿性、从众性、短暂性、周期性是时尚的特性。服装动态展示从诞生开始，就与时尚关系密切，服装动态展示是时尚产业，不同时期的服装动态展示具备不同的时代核心特征，并随着社会时尚艺术风格的演变而变化，最初的时装表演是纯粹的、质朴的，发展到今天五花八门，但自始至终引导着社会消费和时代潮流。

（四）审美性

服装动态展示最初的根源是静态发展到动态，是为了体现其表现内涵，而今更多的是为艺术服务。服装表演的审美标准不再体现服装本身，而是服装与人体的完美结合，通过舞台、模特、现场气氛调动等形成一种艺术美。

受众看服装动态展示，一方面是接受新的流行趋势及表现元素，另一方面是感受服装动态展示的气氛，有很多观众甚至根本理解不了设计的本质，但他们仍会被现场的气氛所感染，并且通过这种艺术表现形式使审美追求得以升华，获得精神上的满足。

（五）科技性

科技和艺术从产生以来就是不可分割的，艺术需要科技的支持，科技需要艺术来完善。科学家需要借助艺术创造有机的模式去说明世界，艺术家需要利用科技手段更好地以作品的形式表达自己的情感。科技也同样被运用在服装动态展示的方方面面，包括舞美设计、灯光音响等，甚至被运用在了服装表演之中。例如，2014年巴宝莉在上海举办的"上海盛典"，通过音乐和光影的结合，让观众感受到科技的革新给表演艺术带来的无限可能。

六、服装动态展示的类型

（一）促销类

促销类型服装动态展示是配合商业产品的促销活动而进行的服装表演，这类演出的目的就是宣传服装品牌，推出服装新款，打开销售市场。这类演出中的服装多为实用类服装。同一件服装挂在衣架上或穿在人台上的效果，与穿在服装模特身上的效果是绝不相同的。衣架上挂着的服装是扁平的，人台上的服装虽是立体效果，却是静止不动的，它们都不能全面展示出服装的美妙之处。而穿在服装模特身上的服装是立体的、丰满的和可活动的，通过服装模特多方位、多角度的展示，观众的视线从模特转向服装，服装之美得以充分展现。所以，一些部门会利用服装表演这一形式进行服装促销。

1. 服装订货会

成衣制造商为向社会进行新产品发布，宣传自己的产品，达到促销的目的，会定期（换季前）举行服装订货会，会上进行现场表演。服装订货会一般不邀请非相关人员参与，观众主要为服装零售商及部分消费者代表，他们手持订单，边欣赏、边选购。演出环境比较自由，没有统一的模式。大规模、高档次的订货会一般选择在本公司内，或酒店多功能厅，或商场大厅等地进行，有条件的可以搭建伸展台，使用灯光和音响等，表演风格通常采用随意、自由、洒脱的格调。小规模订货会场地比较随意，如可安排在企业的会议室、茶室、酒吧等，模特的表演也更加灵活多样。服装企业一般每年举办两次服装订货会，分别是春夏订货会和秋冬订货会，也有一些大品牌企业一年会举办四次订货会。服装订货会不需要特别强调服装表演的艺术性和规范性，主要是让观众了解服装的款式、结构、面料、穿着效果等，使观众在轻松、愉悦的氛围中完成订货。

2. 零售展销会

服装专卖店或综合商场为了吸引顾客、扩大知名度、提高销售额、推出应季新款服装，也会不定期举办服装表演。由于大多数顾客对服装穿着后的效果如何以及如何穿着和搭配缺乏想象力，商家便通过模特的展示为消费者挑选服装以提供直观的引导。零售展销会的档次和规模各有不同，因此，在场地和模特的选择上有所区别。高档次的演出，场地一般选在商场内部大的空地或商场外部广场搭建伸展台，布置灯光、音响，模特一般选用专业模特或条件较好的业余模特；中等档次的演出，场地选在商店的过道上、柜台前、门厅等处，不用伸展台、灯光、音乐，表演形式宽松自由，强调的是模特和顾客的近距离接触，有利于顾客比较清晰地看到服装的款式、颜色、质地及其搭配效果，模特一般可选择业余模特；一般性介绍的演出，由条件好的服务员身穿销售的服装样衣，直接向顾客展示服装款式，介绍服装的穿着方法及实用功能。在这类演出中，每一位模特如同产品的推销员，精心地替顾客试装，让顾客体会到每款服装静态与动态的不同效果，达到促成最大销售量的目的。这就要求模特的表演应以朴素、自然、贴近生活为主，使自己穿着的服装为观众所喜欢，塑造的形象为观众所接受，以唤起观众强烈的购买欲望。此类表演的服装应是商场内有售的商品。

3. 网络直播销售会

服装品牌为迎合当下大众消费趋势，推出网络直播销售会这一模式，以此提升品牌产品的销售量，扩大品牌知名度。网络直播销售会是指通过品牌网站、视频网站或是微信、微博等社交媒体进行发布品牌新款产品的服装表演形式。消费者如同亲临现场一般观看品牌发布的全过程，同时也可以在线上购买到模特展示的心仪商品。此类销售会是在传统服装发布会的基础上进行编排与艺术加工。通常场地会选择在电视台演播厅或是展览馆等，模特更多需要将表演展现给网络前的观众，能够更加全面地展示出服装作品的每一个细节，方便观众选择。网络直播销售会分为有现场观众与无现场观众，现场观众在此类服装表演中更多起到烘托氛围的作用。

（二）发布会类

发布类服装动态展示是指与服装有关的某些协会，如服装协会、服装设计师协会、流行色协会或企业、设计师等举办的发布会。如流行趋势发布会、流行色发布会、某品牌发布会和设计师作品发布会等。这类表演的目的是通过服装表演向人们传递某些信息，如下一季的流行风格、品牌或设计师个人的风格等。发布类服装表演是一种正规的服装表演，在形式上讲究艺术性。服装流行趋势发布是指每个流行期内由服装研究部门收集的或社会、工厂服装设计师设计的近期作品，以服装表演的形式公布于众。发布会一般每年举行两次，即春夏时装发布会和秋冬时装发布会。这类演出含超前思维及预测性，具有流行导向意义。巴黎、纽约、米兰、伦敦四大国际时装周每年举行两次，分为春夏和秋冬两个部分，每次在大约一个月内相继举办300余场时装发布会。我国从20世纪80年代起，由中国服装研究设计中心和《中国服装》杂志主办每年两次的服装流行趋势发布会，即春夏时装和秋冬时装流行趋势发布会。中国服装设计师协会主办的"中国国际时装周"于1997年创办，分春夏、秋冬两季在北京举办，每季举办专场时装发布、专业大赛、DHUB设计汇、时尚论坛、新闻发布、商贸对接、创意展演、绽放中国高级定制匠心艺术展等超过百场专业活动。中国国际时装周已经成为时装设计师和知名品牌发布流行趋势、展示创新设计、建树品牌形象的具有国际影响力的时尚舞台（图2-4）。"上海时装周"于2003年创办，分春夏、秋冬两季，"上海时装周"坚持"立足本土兼备国际视野"和"创意设计与商业落地并重"，并着力扶持、推广大批原创设计师，上海时装周作为中国原创设计发展推广的交流平台，历年吸引了众多国内优秀的自主品牌。迄今为止，中国每年举办时装周的城市已经不少于10个：大连、宁波、青岛、广州、杭州、成都、哈尔滨、重庆、厦门、深圳等。

图2-4 2023年中国国际时装周

发布类服装动态展示的特点：一是场地一般选在较豪华的宾馆、酒店、会展中心、剧场、电视台演播厅等地；二是有确定的主题，舞台美术、灯光、音乐都要和演出主题相吻合；三是表演风格通常采用随意、自由、洒脱的格调；四是一般都要选用一流模特参加表演；五是观众以新闻媒体为主，也会邀请一些主要的客户和消费者参加；此外，发布会一般选在时装周或服装博览会期间举行。

（三）赛事类

以比赛为目的而举办的服装表演，可分为服装设计大赛和服装模特大赛两类。

1. 服装设计大赛

一个国家或一个地区，为了促进服装行业的发展，发现服装设计人才，开发服装新款，或评选出国家、地区、行业的名优产品，往往定期或不定期地举行服装设计大赛。服装设计大赛的比赛形式一般是由预赛时的服装设计效果图初评和决赛时的作品动态展示即服装表演两部分组成。这类服装表演的目的是通过模特的展示将参赛作品的风格特点、服装的整体效果以及设计师的设计理念充分地展现出来。

2. 服装模特大赛

服装模特大赛可分为国际、国家、地区等不同级别的赛事，主要是通过服装模特大赛来评比出优秀模特和模特界新人。比赛一般分为初赛、复赛、决赛和总决赛四个阶段。初赛有两种比赛方式，一是通过模卡进行筛选，二是进行现场比赛。服装模特大赛主要是通过模特的形貌条件、气质风度、走台表演技巧和文化修养等综合素质对模特进行评比。形貌条件评比主要包括身高、体重、三围、肩宽、上下身比例、五官轮廓等内容。气质风度和走台表演技巧主要考察模特展示参赛指定性服装（一般指泳装、休闲装、晚装）时对不同风格服装的理解力和表现力，以及展示过程中体现出的独特个人魅力。文化修养主要考察模特的各方面知识、口才、礼仪等，比赛主要通过现场问答或笔试的形式进行。

（四）学术交流类

学术类服装动作展示是指国家、地区、协会之间为了学术交流所举办的演出，或是带有一定学术性质的服装机构或设计师举办的作品发布会及其作品回顾；一些服装设计专业、服装表演专业的教学、科研成果展等。此类服装表演由于没有了商业诉求，主要是对设计师艺术功底和艺术才华的展示，所以重点应放在强调作品的艺术效果上。此类服装表演的特点是：表演场地选择在比较具有艺术氛围或创意性的场馆；观众主要是时尚及艺术媒体，艺术评论家以及服装设计或其他与艺术设计相关的人员，经销商反而不是重点邀请对象；服装表演的舞台设计、灯光、音乐、背景及模特妆型可别出心裁、大胆超前，营造出人意料的艺术氛围，给人以艺术的享受。

（五）专场表演类

1. 设计师专场

一名设计师或多名设计师的作品进行专场演出，主要目的是展示设计师的才华，达到推名师、树品牌的目的。由于专场演出的主题是设计师自行确定，其作品具有一定的创意性、前卫性，表演气氛独特、花样翻新，利用变幻莫测的声、光效果，营造出出人意料的气氛，使观众印象深刻。

2. 毕业生专场

设有服装设计专业、服装表演专业的院校，在每年学生毕业前都要向社会举行毕业作品展示或汇报演出。其特点是设计者都为学生，他们作品构思大胆、超前、不受约束。演出的目的是向社会展示学生才华，同时让社会了解学校的教学成果和推荐的学生。

（六）娱乐类

娱乐类型的服装动态展示，其目的是丰富人们的文化生活，一般出现在大型文艺晚会中，或作为独立的文艺节目，或穿插在歌舞节目之中。例如，在服装文化节的开幕式或闭幕式上，服装表演就是必不可少的；一些单位、学校在举办文艺晚会时，也常把服装表演作为一项表演内容。此类服装表演对演出娱乐性的强调大大重于对服装本身的强调，注重艺术化的构思和编排，追求良好的舞台效果和娱乐效果。

第二章 服装动态展示创作

一、服装动态展示的创作来源

创作灵感来源于产生思想的起点，服装动态展示的创作也不例外，它来源于生活，却是高于生活的艺术体现，拿模特的步态为例，胯部是人体上下身的中心部位，模特在台上的胯部动感由提、顶、摆等几部分的连贯动作组成，要夸张台步的张力就要加大这个部位的动作，如果把生活中的行走运用到舞台上会显得没有表现力，反过来把台步拿到生活当中又会觉得太过于矫揉造作，这就是创作来源于生活却绝对高于生活的原因。做创作或是说做设计的人都会有同感，当他在酝酿一个作品之前，总会受生活中的某一事物的启发而触动，也可能是社会上的流行元素，借着所有灵感就会延续自己的作品，使其逐步丰满起来。可以说，自然界的万物都是设计者产生灵感的诱因。

二、服装动态展示的创作程序

（一）前期准备阶段

1. 头脑设计

在头脑中进行设计意图，依据所要展示的服装进行艺术构思、策划。包括确定主题，并根据主题选择服装，确定舞美设计风格以及探索最恰当的表现形式等。这段过程有可能是一时的启发，一时的感觉，一时的触动，它虽然只是一种想法，但却不能只是凭空想象，要根据主办方的要求、意图以及潜在的倾向。

2. 策划文案撰写

根据以上信息做出最符合的设计计划，并制作出文案，这种文案设计能够将自己的设计意图直观地表现出来，是设计者形象思维视觉化处理的再现（见附录）。

（二）中期创作实施阶段

中期阶段在整个服装动态展示的创作中是最为重要的阶段，所有的设计、制作、执行都在这个部分体现。

1. 主题确定

服装动态展示的主题是服装表演的核心，是服装表演创作者思想感受的体现，主题分为演出总的主题，如果分为几组场次，还要有分的主题，其中每场由几个系列组成，又有系列主题。总主题要有概括性、新颖性，其他分主题要紧紧围绕总主题命名。

2. 时间安排

在做展示之前要考虑到日期的安排并明确具体时间，如每年服装流行趋势发布会一般进行两次，一次是春夏时装发布，一次是秋冬时装发布。在纽约，秋季服装展示会是在每年的4月底或5月初，春季服装展示会是在每年10月的第一周，夏季服装展示会从1月末开始，休闲装展示会是在8月。主要的服装发布会是在每年的秋季和春季举行。有些设计师一年举办两次，还有一年举行五次，一般情况下，展示会持续两个星期，第一周展示正装，第二周展示运动装。在国内，中国国际服装服饰博览会是在每年的3月举办，中国国际时装周是在11月举办。世界时尚服装中心制定了国际、国内服装设计师举办服装展示的日期，展示发布会首先是米兰，然后是伦敦、巴黎、纽约，接着是罗马、东京。具体的演出时间尽量安排在下午或晚上。时间确定好，以便各部门进行相应的安排。在每年北京举办的中国国际时装周各专场发布会的时间都由组委会统一安排，不能由个人决定。

3. 地点确定

专门为服装动态展示提供的场所，要根据演出的类型、规模、经济实力等方面确定服装展示的地点。如果展示会定位很奢华，相应的地点可以设在饭店、剧院、体育馆、展览中心、电视台演播厅等场所，这里有较具规模的音响和灯光设备，能够搭建所需的舞台，有较充足的座位等，有利于供其展示。中国国际时装周中若干场发布展示会都是在北京饭店大宴会厅和北京时尚设计广场举办的，因为这两个地方交通便利、场面宏大、艺术氛围浓厚，足以让观众叹指。在商场的大厅、过道举行小型的服装促销动态展示，不但能够吸引顾客作为观众，同时达到销售的目的。还有些非正式的时装展示在餐厅、茶楼、舞厅等地。除此还有一些别出心裁的动态展示在常人想象不到的地方作为展示的地点。

4. 服装选择

在挑选表演服装时，可以根据演出的类型来确定服装。服装表演的类型有很多种，如促销类、发布会类、赛事类、娱乐类等，服装表演的主题、目的，甚至欣赏的观众不同，所配合的服装也有所区别。例如，以促销为目的的服装表演，却在台上展示色彩强烈、款式夸张、超具艺术感的服装，显然是不适合的。所以，恰当地选择服装对于一场演出非常重要。服装确定后，不要忽略与服装相配的饰品和道具，正确地选择和运用饰品、道具，能够增加服装表演的艺术性、观赏性，同时对于服装模特而言，又增加了一定的表演空间。

服装的数量也是服装选择的一部分。服装的数量可根据服装表演时间的长短来确定。一般一场普通的服装表演在30~45分钟为宜，以一个系列8套服装为标准的话，每套服装展示1分钟，五个系列40套服装较为合适。大多数服装表演不超过1个小时。演出的时间也取决于服装表演的类型，发布会类的服装动态展示时间最短。

表演服装选择后，还要将其进行分类排序，把款式、色彩相近的服装分为一组，或者根据服装类型，如休闲类、职业类、礼服类、婚纱类等进行分类，再排序。一般情况下，开场的服装要引人入胜，可选择激情活力装或是创意性强的服装，把观众的视线先带到舞台上来，使观众产生兴趣，再在演出过程中贯穿高低起伏，如此张弛有序、富于节奏，才算一场完整精彩的演出。

5. 模特挑选

模特是服装表演中最主要的一部分，通过她们的精彩展示能够体现服装的美。但如果挑选的模特不当，会给整场演出带来负面影响。所以，演出的成败有时也取决于所挑选的模特。在挑选模特时，常常考虑以下两个因素。

（1）要考虑演出的形式

如果是专业性较强的演出，如时装发布会、服装设计大赛等，需要选择职业模特来展示。因为，她们的身高、人体比例、形象都符合专业模特的标准，且经过专门训练，具备丰富的舞台经验和展示技巧。这样，整场演出会收到良好的效果。如果是娱乐性演出，便可考虑用一些非职业模特，若有特别需要可组织内部人员，这样既可以节约开支又能增加演出的趣味性，但要耗费大量时间进行训练，才能使表演取得成功。

（2）要考虑挑选模特的方法

模特可通过模特公司或专业模特学校进行挑选。她们会提供模特或模特专业在读学生的个人资料，包括个人简历及各种相关照片，如果模特的形象气质等条件符合正在筹备的服装表演，便可预定。也可采取直接面试的方法，因为有时公司或学校的介绍推荐会较为片面，照片与本人存在偏差。最好的方法是先看资料再面试，这样更能选出合格的模特。国内外时装周期间，由于模特很忙，有时还会采用开放式的直接面试的方法，即将大部分模特聚集在一起，利用现场集体面试，效果较好。

6. 选编音乐

音乐可以脱离服装表演而存在，但服装表演却不能没有音乐。可以试想一下，服装模特走在无声的舞台上是一种什么样的效果？时至今日，音乐已是服装动态展示中不可缺少的部分。音乐的格调要按照服装设计师的总体风格和编导的整体构思来选编。例如，活力装要选择节奏感强、较有生气的音乐，晚装又需要较舒缓平和的音乐，这就需要音响师平时注重积累音乐素材，并掌握每个音乐的曲风特点，根据音乐节拍组织的特性和音乐的情感，与服装做出对应的安排。

7. 舞美设计

进入21世纪，随着人们生活水平、审美情趣的提高，广大观众在欣赏时装表演的同时，还会时刻关注舞台美术的艺术创造。加强现代美术中的新思想、新动向与科技的联系，注意新技术、新方法、新材料的出现，从而更广泛地使用新技术与新材料来充实创作，使时装秀的舞美设计在保持原有舞台美术经验的基础上不断创新。服装动态展示的舞美设计包括舞台台型、台面、背景、周围环境、灯光等设计。

灯光是服装动态展示中舞美设计的一个重要组成部分。因为灯光的强弱、色彩的变幻能更好地烘托整场服装表演的气氛。演出的开始灯光是暗的，随着音乐渐渐响起，灯光也随之提亮，可以说观众的视觉最先感受到的是灯光的变化，然后才是服装模特在场上的表演。布光的层次、分布和高度也要按照编导、设计师的意图来表现。合格的灯光师能够把握住灯光的自然规律，为服装动态展示服务，而不是一味地注重灯光变化，过分地强调灯光。所以，灯光师要配合编导，做到随时检查和调试，以求在演出时达到最佳效果。

8. 表演设计

表演设计是一项较为复杂的工作，它包括整个演出的风格定位、每个系列以至于到每套服装的安排、每位模特的出场顺序、走台线路设计、模特的妆容等细微处，都要做到有条不紊。表演设计要经过反复的推敲与实践来完成，它是一个创作再创作的过程，因为有时想象和现实有一定的差距，它受很多条件制约，如现场台型、周围环境、模特素质、主办方意愿等，但通过精心的设计，总会找到理想的比较符合主题的展示结构。

表演设计中的一项重要工作——模特的妆型设计。妆型的确定，可以依据的条件很多，如根据主题的要求、演出的形式、表演的场地、服装的类型、模特的特点等。但这几点相互之间并不矛盾，可同时出现，只是作为化妆师应按照表演编导的要求来进行模特妆型的设计。对于发布会类型的服装展示，妆型要求比较高，往往新一年的妆型流行趋势同服装发布同时上演。

服装设计大赛具有研究、探讨、交流的性质，有的参赛作品艺术色彩较浓，为了渲染这种氛围，妆面也有所夸张。如果是模特大赛，就要把握好每个参赛模特的个性特点，整体设计要贴近自然，既要使整个比赛的整体妆型保持风格一致，还要充分体现每位模特的特点。如果是服装设计大赛，模特的妆型应考虑与服装的整体统一，但因为是比赛，不能一个系列服装换一套妆型，可按照服装比赛的类别进行区分。

服装表演如果是在室外，还要考虑是在自然光线下，所以服装模特的妆型要特别注意用色的深浅度及均匀度。粉底要涂得很薄，散粉也要选择色彩自然、粉质透明的，五官修饰要十分细致，眼影色要与肤色协调，尽量选用浅淡干净的颜色，嘴唇的化妆也要和其他部位一样，只涂些淡色唇彩使之富有光泽就可以了，要给人留下自然真实的美感。

9. 排练

排练是为准备正式演出进行的演练，为了保证演出效果，需要把涉及演出包含的所有事项提前进行检查，具体为模特走台线路、灯光音乐的准备、后台工作人员配合、对讲机的调试等各项内容若已经明确，便准备第一次的彩排，如果哪部分出现问题，编导可随时叫停，但一定要说明原因，所有人员应听从编导的指挥，以防耽误整体演出的时间，带来不必要的麻烦。初彩排模特表演可不着装、不化妆，各工作人员要清楚自己所负责的工作，如果初排顺利，便可进行下一次排练。第二次排练就是合成排练，所有人都要"动起来"，模特要穿着服装，灯光和音乐要配合，包括后台的催场员们也都要在自己的位置各尽其职，即使出现问题也要继续进行，因为这次合成排练要看时间长短是否吻合，有问题及时调整。最后一次排练叫作待机彩排，也可叫作预演，与真正的演出一样，只是没有观众和嘉宾，模特要化妆，以及在台上的动作、表情整个状态都要很到位，其他工作人员就更不能出现任何差错，要一气呵成。排练中要求模特和其他工作人员一定要做到专业，这样不会浪费多余的时间和精力。

（三）后期监督总结阶段

后期即监督演出的整个过程，进行总结和评估。在这个阶段主要任务是保证演出的过程能顺利进行，发现问题及时解决，并在演出中总结不足，吸取经验，以便在今后的演出中不要出现同样错误。

三、服装动态展示的创作方法

（一）形态构成要素的运用

点、线、面是形态构成的基本要素，一切形态的构成，都是从最基础的点、线、面开始的，并通过不同的造型方法进行形态的总体创造。对于各种艺术的创作来说，无不体现着对要素的组织和重构，就如同电影中要通过镜头、画面、对话、特写手法等体现，舞蹈中要通过动作、形体、手位、脚位等要素构成一样。服装展示设计是一门视觉造型艺术，服装动态展示又是艺术的再现，时至今日，多元化的舞台表演方式，无不体现动态展示的多种趋势发展。形态要素中的点、线、面是构成形式中最基本的词汇，研究这些词汇的内在含义和服装展示的相互关系，有利于启发我们在服装动态展示中，尤其是模特的走台线路的研究及运用。

1. 点的运用

点是最小的基本形态。其特点是细小，没有面积，在空间中只有一个位置，具有收敛的作用。点在人的视线中虽然渺小却是相对而言，一般受到空间的界定、周围其他形的比较。例如，一个人站在台上，相对舞台，人是一个点；而头部对这个人来说，头部又是人的点的形象，这即是相对的关系。

在服装动态展示中，凡是在视觉中可以感受到的小面积的形态就是点，点具有以场的形式控制其周围空间的特点。例如，单个人在台上的展示，从她出场的定点造型，到走到台前的亮相，到回到后台下场，由一个静态的点到运动的点，更加体现了点具有自由、动感、韵律等特征。一般发布会的动态展示中常常采用 One By One 即一个接一个的走法，这是点的最明显的应用。点的连续排列还会产生线的感觉；点是一条线的起始又是一条线的终结，存在与两条线的交叉处；点的集合排列可产生虚面的感觉。因为点的这些变化和作用，在整个舞台造型构图中尤其是多人展示时还要注意点的主次安排，或错落有致，或集中，或分散。

2. 线的运用

线是由点的连续移动至终结而形成的。几何学上的线有长度、无宽度，图形中的线有宽窄粗细之别、位置方向之差。线有方向感、重力感、平衡感、稳定感、张力感、运动感的特征。线在造型中的作用是实线具有量感，虚线具有空间感。

在服装动态展示中，线的运用较多，两点构成一线。也就是说，在台上两个模特之间的距离就形成了线。模特连续排成一条直线，距离较近时，体现实线的量感，而当人与人之间的距离变大时，又体现了虚线的空间感。线的中断又会产生点的感觉。

（1）斜线

如果表演的舞台很大很宽，可以运用斜线构图。以一条斜线排列，可以打破直线的稳定性，制造一种生动且富于变化的视觉效果；以一点为中心多条斜线向四周发射形成放射状，可以将观看者的视线集于一点再引向四方；双斜线排列，给人以平衡美、秩序感，可以运用于模特比赛等人员较多的情况下。

（2）曲线

当线的方向不断发生改变就会形成曲线，曲线也是线的一种，感觉轻盈、柔和，具有美感并富于节奏感，当运用这些曲线在进行队形设计时可以调节、活跃舞台整体的画面效果，避免过于枯燥、呆板的程序化的走法。在曲线队形中，模特主要体现线的流畅性，模特的眼神要注视前方的观众席位，不要因为线的方向而随意四处张扬。

（3）折线

折线和曲线的不同之处在于，当模特走折线线路时，需要在转折处定点造型，而曲线则不需要停留，折线可体现角度，曲线体现线的连贯性。折线更适合男模特展示，而曲线则适合女模特展示。模特在折线转折处的身体朝向也有一定的讲究，如果在伸展台的两侧都有观众时，模特可注视侧面台的观众，可采用完全侧身或是3/4侧身。

3. 面的运用

面是由线的连续移动至终结而成的。面有长度和宽度而无深度或厚度，它是体的表面，界定体的形状和大小。面分规则形和不规则形两种。规则形的面是由圆形、方形、三角形等几何图形组成的，圆形、方形、三角形又是规则形中的基本形。圆形完整且具动感；方形给人稳固、坚定、不易改变的心理效应；三角形给人紧张、不安定和刺激感。不规则形的面是由曲线、直线围成的面，个性复杂。其实，从某种意义上来说，线和面都包含点的要素。

面在服装动态展示中，一定要由很多人组成，这对表演的规模、场地、模特的数量等多方面都有很高的要求。三个人可以构成三角队形；四个人可组成正方形、梯形或菱形；这种面适合出现在台形较宽的、服装成系列的服装动态展示中。

4. 点、线、面的结合运用

在一次服装展演中，一般情况下，点、线、面都不会单独使用，至少要运用其中两种。像发布会、促销会的动态展示，设计师其实是不太在意队形的变化，常常以单人展示居多，这样也便于观众细致地观看每款服装的样式。换言之，点的运用是此类服装动态展示的主要运用方式。但在谢幕时，模特会排成竖排，也就是直线的走法依次出场再引出设计师，这是最简单、最常见的点与线的结合运用。如果是模特大赛或者大型服装文艺汇演，点、线结合就略显单一，因为考虑到电视画面的收视效果，就要设计更加复杂且富有变化的形式，可借助多种面和多条线来做变化。需要注意的是，要结合台型，如果台面较宽，可以设计水平线的队形；反过来，台面较窄，可运用垂直线队形。尤其现今舞台多变，复合型台出现较多，舞台本身就是由各种形状组成，所以模特的走台路线当然也随之而变，在多人的舞台造型上就应更加丰富。服装设计大赛主要是展示服装设计作品，设计队形时，采用程式化的点、线、面结合走法是最适合不过的，虽然显得呆板，但也最符合这类服装展示的特性。例如，五人展示一个系列的服装时，以整体出场做面的造型，可以选择规则的几何形，然后一个一个轮流进行点的走法。

纵观各类服装动态展示，在编导们的精心编排下，处处体现形态要素基本语——点、线、面的应用，在服装设计、平面设计专业中也广泛应用，只是服装表演专业领域人员没有关注它们，或者说没有上升到理论内容。因此，作为服装动态展示的创作研究也是值得探讨的。

（二）形式美法则的运用

形式美是指客观事物外观形式的美，是指自然生活与艺术中各种形式要素及其按照美的规律构成组合所具有的美。服装动态展示必须以具体的视觉形式来体现，并给观众以美的享受，对于形式美法则的深入了解和认识，对研究服装动态在展示中形式美的具体应用无疑会有很大帮助，并能够帮助我们判断优劣、深化主题，获得优美的表现形式。

1. 比例

比例是指整体与局部、局部与局部之间，通过面积、长度、轻重等的质与量的差，所产生的平衡关系，当这种关系处于平衡状态时，即会产生美的效果。比例虽然不要求具体的尺寸，但与比例却存在必然的联系，万种事物似乎都存在一种比例关系。当比例出现在服装表演中时，会直接影响舞台与模特、模特与模特之间的整体结构，以下列举三种比例。

（1）黄金分割比

黄金分割比是古希腊人发现的长与短的分割数值比，是被世人公认的最具美感的比例。将一线段分为一长、一短两段，其中长段与总长的比值为0.618。服装动态展示的台型常常是T型台，在伸展台部分，如需模特停留的话，可选择在伸展台的3∶4或5∶8的位置，是比较和谐的构图形式，这也恰恰符合黄金分割比。

（2）等分比例

等分比例就是把模特的队形视为一个整体，平均分成两个部分或多个部分，但一定遵循每个部分是相等的。以在多层台阶定位造型为例，每层台阶站有相同数量的模特，给人整体感、稳定感，此队形比例适合男模特展示正装时运用。

（3）渐变比例

间距依次扩大或缩小，呈现一种整体统一的动势感。渐变有群体渐变和个体渐变，从方向来解释，有横向、纵向、斜向等。

2. 节奏

节奏虽然出自音乐，但服装动态展示的这种节奏并非是指狭义的音乐节奏感。一台演出不可能一直是一个韵律，而是一环扣一环，跌宕起伏，有急有缓。具体指，一个主题的服装展示完后过渡到另一主题的服装，再经过多个主题，又回归到原来最初的概念，形成整场演出的运动节奏，这种感觉，会给人感觉不断地变化和重复，形成有规律的画面的形态变化。节奏的运用可以从演出中服装的款式、色彩、类型等方面着手。

3. 平衡

在不同的科学领域，平衡有不同的含义。服装设计中的平衡是指服装的诸多元素，让人在视觉和心理上产生的一种稳定感。服装动态展示中的平衡体现在模特走台的队形、造型结构上的左右对称、前后对称，这种对称也体现在人数上。但平衡并非是真正意义上量的对称，也许左侧是分散的少人数与右侧聚集的多人次，但在视觉构图上却取得了均衡。所以，平衡在于模特数量、性别、高矮、整体造型的面积等。但无论是哪种平衡都应体现秩序感、规则感。

4. 主次

主次即主要与次要，指各部分之间的关系不能平等对待，必须要有主要部分和次要部分的区别。主要部分起着统领全局的作用，制约并决定次要部分的变化；而次要部分要围绕着主要部分来设置、安排并受其支配，起到陪衬烘托主体的作用。表演设计中主次的运用较多，如一位女模特和众多男模特同时在舞台上展示，显而易见是以女模特为主要、男模特们为辅。为了突出主要部分，所有编排都围绕中心而设计。具体有以下方法：

（1）服装分配

把比较有设计感的、"重色渲染"的服装安排给主秀，并放在重要位置。

（2）时间长短

用展示的时间长短来体现主次分明，主要的展示时间长一些，次要的展示时间短一些。

（3）表演方式

运用与其他模特不同的表演方式着重展示。

（4）模特安排

一场服装秀中肯定要有"重量级"模特开场或压轴，演出的主要部分自然而然要相应体现。

当然，也并非展示中只有主要人员展示，其他次要部分就完全不考虑，只有主次穿插、主次搭配，才能更好地突出主题，两者缺一不可。

5. 强调

在表演中，强调的部分是整个演出中看起来较少却是最精华的部分，是画龙点睛之笔，也是服装设计师或是编导想要突出的部分，是重中之重。强调在服装动态展示的开场、高潮、结尾三个环节中可任一出现，但不能同时出现，强调的次数太多看起来就没有重点，会喧宾夺主。

（1）开场

选择开场作为整场演出的强调部分时，第一个出场的模特一定是名模或是具有极佳表现力的模特，或是在服装的安排上考虑用最时尚、极具视觉冲击力的服装款式，观众马上会被这种形式而吸引眼球。有的编导也会用很神秘怪异的音乐来拉开演出的序幕，再配合适合的灯光效果，更加强调服装的主题，引发观看者的情绪。

（2）高潮

在一场很平淡的发布会中，模特一个接着一个进行常规式的展示，总让人觉得没有创意，引人入胜的表现形式才是不可缺少的环节。穿插一段与主体贴切的舞蹈来制造演出的高潮也是不错的展示方式。2006年中国服装设计最高奖评比一等奖获得者袁大鹏，曾举办主题为"色·蜕变"的发布会，其服装的设计构思从原始的赤裸到现代的丰富多彩，经历了漫长的变化过程，用纯净、纯粹、本质、人性的表达方式，展示人类穿衣观念的解放，升华到"色即是空，空即是色"的蜕变过程，其中的高潮部分就是由一名舞蹈演员，用舞蹈的方式进行演绎茧变成蝶的过程，仅用1分钟的时间创造出美轮美奂的视觉效果。

（3）结尾

让观众对演出仍有余味，就要设计有创意性的结尾。结尾也是最后一次高潮，也可视为强调的部分。同样运用以上开场和高潮的方法来设计结尾，或是用很隆重奢华的晚装进行戏剧化表演都是不错的创意。

6. 统一

统一看起来有条不紊，没有分歧，没有差别，给人整齐的感觉。在服装动态展示中，无论是哪种表演，都会遵循统一的原则。统一可以从服装展示的整体风格上，模特的表演形式上，队形的设计上，人员的安排上，到处都有统一的出现。统一是形式美法则的中心法则，任意法则中都可以由统一来做调和。

自然界中的万事都有规律，形式美中的这些若干法则也存在着潜在的规则，能够有效地应用到服装动态展示中，并从中挖掘更多有意义的事物内在联系，寻求创作方法，设计出有形式美感的舞台造型，是非常重要的。

（三）展示的动作设计

服装不仅是穿着者的艺术品位及审美情趣的体现，还能反映穿着者的心理情绪与性格特点。如何更好地展示一套服装，模特身上肩负着重要任务，深入剖析，模特首先是应具有良好的工作态度，然后决定所表现出来的动作、神态是否与服装相符，并通过恰当的走台方式，头和四肢、躯干的配合，以及面部表情，显现出着这种服装的人的特性（图3-1）。

1. 体现服装的功能性

服装的本质就是体现服装的功能，在展示服装时首先要考虑其服装具有怎样的功能特性，要避免一味地强调美感而做出掩盖服装本质特点的反动作。例如，表现礼服时尽量采用匀速的步伐，动作不宜过大，要强调女性的曲线美，表情高贵典雅，可以叉腰；穿着正装应体现服装的廓

图3-1　Christian Dior 1997年高级定
制系列发布会

型，用职业化的步姿、略有棱角的转身去表现，肩部不宜动，可用手部插兜或配合脱衣等动作；运动装或休闲装可以选择生活化的走法，面带微笑，采用侧步或交叉步的走法，充分体现年轻人的朝气与动感十足。

2. 体现服装的审美性

审美需求是体现服装的重要原因之一，在不需要表现服装的功能特点时，要充分体现服装的款式，以达到服装和人体的完美结合。人体是最美的自然体，模特是用肢体语言来表现服装作品的，以服装造型结构为基础，并用完美的体态找到最佳的审美标准。其实，最终的美既不是人体美，也不是服装美，而是两者结合达到的"协调美"。模特能够扬长避短，突显优势，是把人体最有魅力的审美质点，变成最有号召力的审美中心。例如，有的服装设计师故意将白色的服装穿在黑种人模特身上，用反衬法更加显现服装的纯净韵味。

（四）空间设计

现代的服装动态展示，设计者常常运用最新的理念和技术，把精力花费在舞台效果和整体环境上，看一场服装表演如同欣赏一部视听盛宴。如今科技发展突飞猛进，在服装展示上充分体现出对常规概念的突破，舞台装置、空间设计变得异常斑斓。

1. 服装动态展示空间设计的含义

从环境艺术角度讲，空间是容纳人及其行为的场所。服装动态展示的空间主要指对服装展示的空间和平面的布局、舞台的装饰风格以及台型、表演过程的色彩运用、灯光的布局、舞台背景等进行设计。舞美师把每个局部创造出若干个精彩的"点"，从而引导观看者感受艺术性的空间视觉效果，它是艺术和技术的结合。通俗地讲，服装动态展示空间就是指舞台美术设计区域和舞台周边除观众席以外的可以设计的空间。

服装动态展示的舞台美术设计源于戏剧表演，和其他艺术一样，根据主题思想和风格体裁对整体表演进行舞美造型。早在1914年美国芝加哥服装制造协会在半年举行一次的芝加哥新麦地那寺庙会上，举行了一次大型公开服装表演，这次表演首次使用了"伸展台"；1917年美国开始运用电影为背景进行时装表演；将全舞台灯光和高级音响，用于服装表演的这种模式是昂德·克雷杰时装店在20世纪70年代首次采用的，他改变了那种静谧、冥想的气氛，变幻莫测的灯光，节奏强烈的音乐与服装模特的优美舞姿浑然一体，使时装的艺术效果和服用功能特征得到充分表达。

2. 服装动态展示空间设计的类型

（1）静态空间

在环境艺术的范畴中静态空间是指人在静止状态下，在同一角度观察周围环境产生的空间。而在服装动态展示里，观众一直处于静止状态和同一视角，他们所欣赏到的除模特的动态展示外，舞台及周边环境这部分空间都是不动的，所以服装表演中的静态空间包括台型台面、背景、道具等构成的空间是静止的。对于这些可以构成静态空间的基本条件选择适当的创作方式有利于空间展示。

①台型台面的设计。时装表演所用的舞台一般称为"T台"。"T台"多选择伸展型，这种台型可使观众在舞台的正面、左侧、右侧均能观看演出。具体的台型确定要根据表演的类型和主办方的经济实力来考量。台型的确定是在明确表演的具体环境，也是在确定模特展示服装的实际空间。

一般"T台"分为舞台和伸展台两个区域。T型台造型简洁、视野开阔，优点是能充分地向观众展示服装，使其很容易看清服装的色彩、面料、款式，并收到良好的观看效果；利用T台展示服装，走台路线设计不易变化过多，模特表演的动作单一有利于观众欣赏服装。常规T台的伸展台宽度为0.5~1.5m，高度1m左右，长度3~15m。这种台型长度、宽度的设计，使时装表演借助舞台拉近了主体与客体之间的距离，最大可能地使每位欣赏者处于观看的最佳位置，从而观众也能像欣赏艺术作品那样尽情地欣赏服装作品（图3-2）。

图3-2　T台

为了增加演出的整体效果，倒T形、回字形、U形、S形、Z形等台型也会出现。这些特定台型，丰富了模特的走台路线，为模特提供了更广阔的表演空间，同时增加了观众的观赏兴趣。T型台台面所用材料也发生了变化，由最传统的木材发展到玻璃、金属、纺织品、纸张、化学材料PVC等。有些演出，设计师把原来平面的舞台设计成斜面，或使用各种台阶创造层次感以增加观赏性。

②背景的设计。设计舞台背景时既要讲究艺术性又要注重实用性。标题要醒目，用醒目的标题来突出主题；背景造型一般以简约为主（特殊演出除外）；色彩要柔和，宜选择纯净的素色，即使为衬托服装采用强烈反差效果的色调也要注意不能与服装"抢戏"。设计时装表演舞台背景的原则，是为了突出服装作品，创造一种与服装表演的格调、目的相协调的舞台气氛。

舞台背景常见的形式为板式，也有不同的造型背景。舞台背景根据用料不同可分为硬背景、软背景、综合式背景。硬背景是指用硬质材料制作的背景，常用在有伸展台的T型台上。目前，将LED大屏幕和高流量大投影用于背景上的较多，使用这种背景往往令场面显得宏大壮观。软背景是指用软质材料（透明、半透明、不透明）制作的背景。一般是由天幕（最后一道幕）和背景幕（侧幕条）构成。软背景适合做投光、投影幕，多数为大剧院里的表演所用。综合式背景指由硬背景和软背景综合而成。为增加演出的艺术气氛，若舞台空间允许可设置综合式背景。这种形式搭建较为复杂且成本较高，一般在大型演出时使用。

对于场面要求热烈的，可将风光片、着装效果录像、字幕及与主题有关的一些影像利用投影仪或LED出现在背景上，以活跃表演现场气氛，增强效果。也可利用空间效果装饰，创造环境与模特的结合，渲染舞台气氛。

随着舞台设计在时装表演中的地位变化，设计方法也有了变化。在采用传统的布景时，舞台场景设计变得更加立体化，强调立体舞台的空间处理，并融入了现代科技的多种元素来展现舞台效果，即使不用幻灯或其他媒体装置，在舞台上也能营造出不止一处的视觉焦点和亮点。例如，Max Mara旗下的品牌SPORTMAX发布会上，将表演场地布置成了画廊形式；Swatch品牌在摄影棚内进行展示。可见，用一种特殊的方式来展现，反而会使观众看完后有难以忘怀的感觉。

③道具的运用。在时装表演的舞美设计中也包括道具设计，它虽不占有主要作用，但却可以更好地烘托环境效果。正确地选择和运用道具，能够增强服装表演的艺术性、观赏性，同时又增加了模特的表演空间。香奈儿2010秋冬高级定制时装动态展示中，圆形舞台中央矗立着一座高约15米的金色威尼斯狮子雕像，这是巴黎香奈儿主店楼上香奈儿女士公寓收藏的同一件狮子饰品的复制品，这些秀场中的空间装饰道具都代表着香奈儿的设计精神，也体现着后人致敬香奈儿女士（图3-3）。

图3-3　Chanel 2010秋冬高级定制系列发布会

（2）动态空间

动态空间与静态空间的相同点是观察角度相同，是周围环境不断变化，从一个空间向另一空间运动，并不断变换出现的具有动感的视觉画面。以上静态空间所提到的台型台面、背景、道具同时也都可以变化成为动态的。

①台型台面的设计。动态的舞台一般叫运动台，运动台是服装动态展示的表演台，大都局部可以动，如平移、升降、旋转，这种动是台面的动。米兰时装周登场的Gucci 2020秋冬大秀，将秀场布置成一个大型可旋转的玻璃音乐盒。旋转的玻璃房就是模特们的舞台，换上服装的模特围站在旋转舞台边缘，等到所有模特都换装完毕后，玻璃房停止旋转，模特们依次走出旋转舞台，旋转舞台给予观众动态感知（图3-4）。

图3-4　Gucci 2020秋冬大秀舞台

②背景的设计。可动式的背景是指背景板根据设计要求在表演过程中可以运动。根据背景板运动的形式又分为对开式、往复式、翻转式、旋转式等。动式的背景设计灵感来源于生活中门窗的开合方式，开合方式不同看到的效果也不同。总体来讲，这种背景给人神秘感、新鲜感，经常会让人联想到当把背景板打开时是什么样的情形。对开式、往复式的背景板比较常用，相对翻转式和旋转式在设计和操作上简单些，翻转式和旋转式背景虽然复杂，但效果好、层次高。如果把可动式的背景再结合先进的科学技术，场面会不同凡响。

③道具的运用。舞美中的道具是配合舞台所使用的，并不是模特手持的道具，它是放置在舞台中，像汽车模特大赛，把要展示的轿车载着模特从舞台一侧驶向台中，车即是动态道具。

④灯光变化。如今值得一提的是，数字化的灯光时代已到来，还有多媒体的介入，灯光与舞美设计逐渐变得没有界限，舞台灯光不仅能照亮模特身穿的服装，更主要的是灯光师能充分运用照明技术来强化舞台上的艺术表现效果，把观众吸引到模特的表演区域中。灯光是一种艺术语言，在时装表演中具有指向性、装饰性，最主要是它具有可变换性，舞台灯光就是"舞台的灵魂"，灯光师可以充分利用灯光的变化来体现服装设计师的作品内涵。因此，把灯光设计列入表演的动态空间，在时装表演中，运用电脑变色灯、激光灯、频闪等变化出多种效果，根据其动势制造扑朔迷离的视觉效果，强化时装表演的舞台美术设计。

（3）悬浮空间

悬浮空间即利用悬吊物体于空中，底下没有支撑，有一种悬浮之感。悬挂物的运用在近几年的促销型演出、模特比赛和文艺性的演出中出现过，是对氛围的强化，也是突破传统仅对台面和背景的设计，上升到舞台的外延环境。悬浮空间的设计局限于室内，首先要考虑室内的高度，不能过高也不能太矮。过高对于悬挂物来讲悬垂太长，整体构图上会有头重脚轻的感觉；过矮又有压抑之感，高度最低也要在模特的头部以上。其次是悬挂的范围选择在舞台和伸展台的上方都可以，但不能影响模特的展示和服装的外观效果。最后要注意悬挂物的重量，也就是确定悬挂物的材料质地，不可过重同时还要有悬垂之感，如布幔、纱、缆绳等。悬浮空间的布置能够很好地装饰舞台效果，给观众带来不同的意境，丰富模特的展演方法。

3. 服装动态展示空间设计的创作形式

（1）规则形式

规则形式在发布会的时装表演中充分体现，简洁的板式背景，没有任何的装饰，一般选择素色，背景板的标题设计也很醒目、不花哨，常规T型台，目台面也与背景色调一致。规则形式比较实用、简约，能很好地突出服装。

（2）自由形式

台型多变、背景创新是自由形式空间设计的特点，I形、X形、H形、U形、Z形等或是复合型台的运用，并且利用背景的变换、灯光的多变、台型的移动等不同形式，创造出不同凡响的展示空间。

（五）对模特的综合设计

在服装动态展示的创作中，对于模特形象的把握也可作为一种创作手段，每位模特的形象、气质、风格都是不一样的，如果能够将她们安排在得当的位置，将其发挥得淋漓尽致，就可以算是成功的创作。

1. 对模特的特质要求

模特身高、胖瘦、气质都是不一样的，对模特特质的把握要准，有很多品牌每年的发布会都会邀请同一模特进行展示。

2. 对模特的妆容要求

有的服装设计师根据自己设计的服装感觉而想象出配合服装的模特妆容，化妆师按照设计师的要求设计妆面，化妆和发型形成的造型就是最好的创作方法。利用妆容效果作为创作手段时，一般在艺术性较强的服装动态展示中使用，而且，运用这种方法可以省去很多对表演设计的渲染，会收到意想不到的效果。

3. 对模特的出场顺序要求

在排练过程中，模特按照设计师的要求穿着服装，并按照事先安排好的服装先后出现顺序出场，第一个出场的和最后压轴的模特一定是设计师认为最为压台的或是最有名气的。当与原计划有出入时，要及时调整，或是把服装进行简单调换，或把模特的出场顺序调改。

四、社会文化思潮对服装动态展示创作的影响

20世纪60年代是新发现年代，各种社会文化思潮显得异常活跃，尤其嬉皮士风潮占有主流地位。街头文化的诞生，摇滚乐、披头士音乐的兴起，叛逆、超现实成为当时的时尚主流，并倡导"以丑为美"，越是怪异就越是时髦。一时间，极为消瘦的伦敦女孩雀姬（Twiggy）大受欢迎，她长着一双大眼睛、短发，男孩一样的身材，似乎没有什么女人味，反倒是这段时期推崇的模特形象。雀姬的出现，彻底改变了当时人们对美的定义，少女的单纯稚气成为模特行业选择人才的一个标准，也是后来时尚发展的借鉴。

各种艺术思潮对服装设计师的创作成因形成一定背景，同时对服装动态展示也有一定的冲击。20世纪70年代是后现代主义的萌芽时期，反叛、动荡、狂野依然存在。模特虽然流行自然妆容，但眼妆依然受60年代后期的迷你风潮影响，

夸张的假睫毛，细细的眉毛，无色指甲油，由于当时的人们热爱运动，所以小麦肤色很流行。到了20世纪70年代中期，朋克风的诞生倾向于思想解放和反主流的尖锐立场，朋克风主要体现在音乐和服饰上。在妆型上，经常是涂上黑黑的眼圈，如同现在流行的烟熏妆，深色的唇部化妆，色彩艳丽的头发颜色，穿耳洞、鼻洞，身上还有大面积文身图案，他（她）们用此种方式反对传统社会。"非裔第一女超模"奥尔米·西姆斯（Naomi Sims）频繁出现在《时尚》杂志上，当时，形容这位超模的走路姿势就像蛇一样蜿蜒，令人悦目。到70年代末期，朋克风逐渐消失，运动装逐步兴起，以至于服装表演的形式趋于奔放动感，模特的步态夸张，灯光、音乐极具现代感。

20世纪80年代是个回归、保守、平安的年代，物质主义成为生活的中心，对于这个年代的时髦形式称为"雅皮士"。"都市风格"在这一时期表现极为明显，可以说它是后现代主义艺术思潮影响下的一种夸张的服装审美追求，都市风格在时装的表现上极具视觉冲击力，强烈的色彩、精致的剪裁、夸张的大垫肩，且重视饰物的佩戴。带有异国情调如埃及、摩洛哥、印度等特色服装也同时影响着设计师的创作。在物质条件充分的涌动下，服装模特业的超级名模很吃香，辛迪·克劳馥（Cindy Crawford）、克劳迪娅·希弗（Claudia Schiffer）、纳奥米·坎贝尔（Naomi Campbell）、琳达·伊万戈琳斯塔（Linda Evangelista）、克里斯汀·杜林顿（Christy Tsrcington）五大超模见证了"超级模特"时代。尽管费用较高，但无人计较，人们在乎的是一种精神上的享受。可谓，80年代是个夸张的年代，也是服装表演行业发展膨胀的年代，动态展示中把服装、舞蹈、电子乐组合在一起，丰富了表演形式。舞台整体视觉色彩耀眼，灯光绚丽多彩，音乐节奏较强，模特在表现方式上更显矫揉造作，冷漠的眼神，化妆、发型、饰物样样不可或缺。

到了20世纪90年代，不再是奢华的时代，一切都变得平静许多，超模已经远去，个性减少了，以普通平实的新面孔占据了时装舞台，设计师的口味变得异常低调，常常选用一般气质的模特，像是邻家女孩，但她们都长着一张可塑性极强的脸，无论是塑造精致的或是自然的造型，都完全可以应付。因为服装设计师更加清楚，如何能够更突显自己设计的服装本身而不是模特。服装动态展示则以简洁随意的"大游行"走法，面部化妆和头发日趋自然，长长的直发在T台上很是流行，台步随意，造型自由。总之，越是自然的，不经过刻意雕琢的越是美的。

在不同时期，流行不同的社会思潮，但并不是一种思潮存在，另一种完全消失。服装动态展示的风格表现在稳定和变化中，它于时尚变化而沉淀，随时间推移而反复，相互融合于各种亚文化风格之中。就如同21世纪的今天，服装动态展示的格调受数字化技术、信息技术的冲击，带有个性、动感、自然的创作风格，成为时尚界的源头。但新的元素出现也包含传统的部分要素，把握来龙去脉，了解循环规律，在各种思潮中预见服装动态展示艺术的发展趋势，必定创作出新的展示作品。

五、服装动态展示的创作形式

（一）服装动态展示的生态理念

1. 生态服装的四种类型与动态展示

（1）生态纺织品服装

生态纺织品服装是指采用对周围环境无害或少害的原料制成的并对人体健康无害的纺织产品。2011年，中国品牌"ZUOAN左岸"成功入选在巴黎凡尔赛门展览中心举办的法国WHO'S NEXT时装展。"左岸"依靠自身秉承的生态理念，以低碳环保作为品牌设计文化，在多个申请参展的中国品牌中脱颖而出，成为在本次展览中唯一的中国品牌。"左岸"本次参展的服装有蛇纹男西服、玉米纤维制成的海洋纹T恤、回收矿泉水瓶再生的纤维面料时装以及天然彩棉环保服装。这些服装以特殊面料和其中的生态概念，赢得众多买家的青睐。WHO'S NEXT作为国际时尚界的"下季流行趋势的实验室"，不仅为"左岸"品牌提供了良好的发展契机，也预示着在未来，生态纺织品将成为新时尚风标，迎合现代社会发展需要的可持续发展，成为服装行业新的发展趋势。

（2）蔬菜类服装

1997年，在中央电视台春节联欢晚会上小品《红高粱模特队》，带给观众一场以劳动为主题的服装秀。虽然在模特步伐和演出形式上与真正的服装秀有很大的差距，但却表现出了劳动的美。演出中，将辣椒作为服装和头部的装饰，是利用蔬菜元素制作服装的一种。设计师直接将莲藕、金针菇、木耳等进行有规律的拼接。依托蔬菜、菌菇等自然形成的纹路和色彩，形成了独特又美丽的蔬菜服装。2011年，演员高圆圆出席亚洲善待动物组织的"素由心生"公益广告，拍摄时穿着了生菜叶和卷心菜叶拼贴而成的抹胸拖地长裙，佩戴红辣椒项链、樱桃番茄手链。借此呼吁关爱和善待动物。虽然不是所有的蔬菜服装都可以穿着上身，但却可以体现绿色环保理念，唤起公众的环保意识，那么，设计师辛苦制作的蔬菜服装就不单单具备艺术价值，对生态理念的宣传，才是这些作品最重要的艺术内涵。

（3）纸质类服装

如果蔬菜会因为本身的形态而影响创作，那么，随意变换的纸张，便可以轻松实现设计师的创意设计。用纸作为服装制作的原料已并不稀奇，制作初衷也与提倡低碳生活密切相关。2012年的美国丹佛市，一年度的纸质时装秀，期间50多个设计团队展示了风格多样和色彩斑斓的纸质服装作品。通过这次服装秀，可以看到在纸质服装制作工艺上的进步，包括纸张的选择、造型设计等方面，都有所提高。设计师在追求高质量纸质服装的同时，对纸质也提出了更高要求，选择更轻的纸质达到设计效果，减少作品重量，是纸质服装设计的重要一方面。另外，纸质服装在造型上也有所突破。按照纸材质的区别、大胆的色彩和设计师的裁剪，飘逸、活泼、柔美等各种感觉的纸质服装应运而生。纸质服装作为生态服装的一种，通过服装秀进行展示，能够使观众在欣赏服装的同时，对生态理念也是一种宣传。除此之外，哥伦比亚的卡利市曾举办过一场生态时装秀，本次秀场以天然材料和活植物制作的服装搭配彩绘吸引观众眼球。原生态的服装表演与传统服装展示相区别，将生态理念充分融入动态展示，是本次服装秀的一大特点。

（4）可持续服装

当下随着一些自然资源的枯竭，环境保护的问题不断影响着生产活动和意识形态，环保意识已经渗透到大众的生活方式和认知思维中，可持续发展理念愈渐被大众所接受和认可。对于服装行业，要将纺织服装这个高碳排放行业导入可持续发展的理念是必然趋势，主要从服装对生态环境的影响以及服装本身的实用性着手，使服装在时尚的同时也环保。无论是服装本身材质的选择，还是服装被丢弃后的利用都是可持续时尚里面的内容。

在材料的运用上，生态时尚设计的实现需要更为绿色环保的材料，时尚界始终在不断寻找新的材料，时装设计师们从源头上重新推出环保材料，通过环保材料的使用提高环保意识和有社会责任的生产方法。另外，新技术的出现和替代，如空气染色技术，染色没有温度限制，没有色彩限制，不怕漂白剂洗涤，是将燃料注入面料而不是附着在面料表面，所以任何漂白剂与洗涤用品都不会影响其色彩，这样的染色可以使纺织品不用水就能完成染色过程。与传统印染工艺相比，空气染色技术减少了95%的用水量和86%的能源浪费，减少了84%的温室效应。

2. 生态理念与服装动态展示的相互影响

因服装而联系起来的两个领域，通过生态理念和服装动态展示的结合，促进了双方面的发展。

（1）生态理念成为服装动态展示的新鲜元素

现代服装动态展示，不仅仅是服装流行趋势的发布，从秀场布置、灯光音乐选择至整体编排，每一处的细节都是动态展示中的重要内容。从细微处发现创意，是许多时装秀编排上使用的技巧。将生态理念加入服装动态展示中，除了是服装品牌在服装生产上的创新，更多的可以为时装秀本身增加亮点。以生态理念为主题的服装动态展示，在推出生态纺织品的同时，也可以在灯光使用上实行

"绿色照明计划"，降低能源消耗，或者在秀场布置时，使用环保建材，尽量减少废弃物品的产生。使观众欣赏到整体的绿色时装秀，才可以算作真正意义上生态理念下的服装动态展示。

（2）服装动态展示是生态理念重要的宣传平台

随着生活水平的提高，人们对时尚的关注度越来越高。时装周作为下一季的流行指南，除了现场的动态展示，更多依靠媒体、杂志、网络等多种形式进行发布。加入了生态理念的服装动态展示，在介绍生态服装的同时，也是对生态理念的宣传。时尚的气息已遍布生活的各个角落，人们随时随地都可以接收到最新的潮流资讯。服装动态展示中的生态理念，随着不同媒介的传播，也进入了人们的生活。在提倡低碳环保的今天，具有绿色生态的纺织品更容易引起公众的注意，也提醒着公众节约能源，保护环境。

（二）服装动态展示的古风艺术

1. 古风艺术的概念

从严格意义上说，古风艺术指从代达罗期时期到古典时期（约公元前620年到公元前500年）的古希腊艺术。这段时间，古希腊雕塑的特征之一就是面带一种被称为"古风微笑"的程式化笑容。通常而言，古风艺术指那种对它的时代而言显得老式的艺术。

现今，我们提到的古风艺术是指将可借鉴、值得继承的古典元素融入艺术，用具体形象反映特定的时代精神或历史文化，成为一种典型的艺术风格，包括文学、绘画、雕塑、建筑、音乐、舞蹈、戏剧、电影、曲艺、工艺等。其应用范围从建筑、雕塑发展到诸多领域，不仅说明了其发展趋势的多元化，而且肯定了其具有现实应用价值。

2. 古风服饰在现代秀场中的呈现

古风艺术在品牌设计以及现代秀场中被广泛运用，中西方设计师依照自身的历史、文化、社会、审美有不同呈现。国外一些著名的设计师品牌香奈儿、古驰、纪梵希等曾经推出古希腊风格、古罗马风格、洛可可风格、哥特风格等分别代表着西方不同时期的服饰系列风格。相比之下，近些年国内兴起了许多古风服饰品牌，如楚和听香、盖娅传说、古风紫裳等，还有更早成立的华夏民族服饰品牌、每年中国国际时装周的开章——NE·TIGER。这些服饰设计大多以中国民族文化为基础，设计师在传统服饰的基础上提炼古典元素，如图案、针法等，利用现代思维融合新技术、新面料，在考虑实穿性、时尚度等方面的条件下改良服饰，最终形成古风服饰。

（1）古风服饰在国内秀场的呈现

2018年，大连市古风紫裳服装服饰公司在大连春夏时装周期间举办了两个自有品牌——古风紫裳、悟心的联合秀。品牌服装的原材料以天然环保的蚕丝织品为主，以传统美学为设计思路，以现代工艺为时尚基础，通过将传统旗袍元素与现代礼服相融，将中国传统花卉、鸟类以及山水再现于服饰的装饰绣中。

古风服饰有利于唤起人们对中华民族文化的传承和敬畏之心，增强人们对民族文化的自信心。在现代服饰秀场中，设计师和编导在设计服装与舞台美术时，将古典元素与现代科技手段相结合，使演出整体形成新旧之间的强烈视觉碰撞，服装与现场氛围融合、统一，让观众印象更为深刻。

（2）古风服饰在国外秀场的呈现

作为西方古典文化、美学以及现代思潮的摇篮，古希腊美学理论、古典主义的审美标准至今依然适用，成为设计师的主要创作灵感来源之一。玛丽·卡特兰佐（Mary Katrantzou）在希腊波塞冬神庙进行的2020春夏系列的时装秀表演，波塞冬神庙恢复了它古代黄金时代雅典的辉煌。在神庙举行的时装表演令世界震动，人们再次回忆起了文明的起源地，回忆起了古老文明的神韵和魅力。华丽的金色公爵夫人礼服，配以铜质的公爵夫人绸缎和金属色蕾丝，饰有军号珠和刺绣，展示了中世纪的化学哲学的思想（图3-5）。本次时装秀演出包含30多个造型，每个造型都探索了不同的高级时装技术。

图3-5　华丽的金色公爵夫人礼服

（3）现代秀场中古风舞台美术设计

舞台美术设计是舞台演出的重要组成部分，是包括布景、灯光、化妆、服装、效果、道具等的综合设计。设计师根据演出内容和演出要求，在统一的艺术构思中运用多种造型艺术手段，创造出演出环境和角色的外部形象，渲染舞台气氛。舞台美术设计是围绕服装的设计主题而进行的，古风服饰的展现离不开与之配合的舞台美术，包括音乐、舞台、编排、化妆造型等。

现代秀场上多运用古典音乐和现代流行乐进行混编。例如，NE·TIGER华服发布会曾经选用京剧与流行乐结合的带有古风的乐曲，相比表现形式、元素比较单一的乐曲更加新颖、独特。楚和听香2020春夏高级定制系列"开元"，在北京水立方上演了一场美轮美奂的视听盛宴。本次发布会的秀场音乐特邀中国当代杰出的古琴艺术家杜大鹏、琴歌吟诵艺术家杜金鹏两位音乐家跨界创作，悠扬的古琴伴以吟唱，营造出古典、空灵、美好的氛围。

Gucci 2020早春秀场选址在罗马，位于卡比托利欧山（Capitoline Hill）的卡比托利欧博物馆，是世界上公认最古老的博物馆建筑群，以其丰富、独特的文物馆藏展示了古罗马源远流长的历史。博物馆的历史可以追溯至1471年，教皇西斯图斯四世捐赠了包含"母狼乳婴"和"康斯坦丁大帝巨像"等极具象征意义的青铜雕塑。模特身穿长袍、斗篷、褶皱元素的服装，述说关于古罗马的故事，使服装美感与建筑美学相互契合。

在整场演出中，为了使舞台表现更具层次性、丰富性，设计师时常会邀请一些演员辅助展示，烘托整场发布会的气氛。例如，演员在某一特定时段出场跳古风舞蹈，或者配合展示的古风服装做一些拂袖、遮面等动作，会使观众更有代入感。盖娅传说2020春夏巴黎时装周发布会，虽然是展示中国华服，但在模特编排上有一些外国模特，在视觉上不仅没有突兀感，反而增添一种东方韵味与西方美感结合的效果。

化妆造型也是舞台美术设计的一部分。在"东方印记·2018毛戈平MGP彩妆造型发布会"中，设计师毛戈平以中华文化为基底，从蕴含古老东方哲学的诗词、绘画、服饰等元素中汲取灵感，将古代妆容融入现代化妆造型，为观众带来了白日千里、金色盛世、江山红颜、桃花溯源四个系列作品，生动诠释了东方美学的摩登风尚。

古风艺术原指一段时期的古希腊艺术，但是新的时代赋予它新的含义。不管哪种艺术都需要与时俱进、不断创新，这样才能更好地传承下去。将古风艺术在服装发布秀场中以具体的形式更为生动形象地再现出来，对于古风艺术的发展具有重要的意义。古风艺术是质朴而又美好的，有很多优秀的元素值得我们继承和发扬，其在现代服饰秀场中的应用前景良好，无论服饰本身还是舞台美术设计，无论国内还是国外，古风艺术都将产生一定的影响，并因为发展理念的不同，设计的形式也将更为多样化。中国设计师通过不断探索和努力，将古风艺术传统而优秀的文化内涵以现代服饰秀场的形式表现出来。

（三）服装动态展示的数字化创新设计

服装动态展示舞台数字化的概念是在人类进入信息化时代开始的，从T台的诞生到数字技术的使用，每一次舞台空间的变化都留存时代的烙印，都给服装动态展示艺术的审美价值带来质的变化。服装、模特、舞台空间以及观众是服装动态展示不可或缺的要素，数字技术以其强大的包容性作用于每一个要素，使舞台上的表演更具观赏性、艺术性，使表演舞台更具空间感、自由化。

1. 模特动作和表情数字化

（1）肢体动作虚实相生

动作是体现人的性格、思想、目的的最好的表现方式，在服装表演艺术中应该选取最符合着装气质、着装意境的动作来进行展示。肢体动作是服装动态展示最主要也是最直接的表现方式，模特运用肢体语言使服装形成清晰可见的动态形象和画面，让观众更直观地看到服装款式、材质和细节。服装表演者以自身形象与外部舞台要素相结合，通过肢体语言，使服装更具有感染力和观赏性，刺激观众的视觉神经，引起观众的情感共鸣，以此达到表达服装设计师的设计思想与设计情感的目的。

在数字技术的发展之下，服装动态展示在不断地尝试将肢体动作语言与数字技术相结合的探索。主要运用的方式是数字虚拟影像技术，这些影像有些是预先拍好的，有些是实时生成的。数字虚拟影像技术运用在服装动态展示中，对于模特的肢体语言而言有着具象可观的体察能力。2013年江南布衣概念投影时装秀，由点、线、不规则图形投影，呈现出虚拟的空间和舞者，并与真实的舞者交替出现，虚实相生，打造一个奇妙的虚拟空间。模特在展示的过程中，每一个动作的变化都会产生数个虚拟模特影像，肢体动作各不相同，有的运动、有的静止，最后朝不同的路径行走，在相遇下一个"本我"影像时消逝在观众的视野当中，如图3-6所示。

图3-6　2013江南布衣概念投影时装秀

（2）表情妆容跟踪投影

面部表情是指通过眼部肌肉、颜面肌肉和口部肌肉的变化来表现各种情绪状态。它是人类表达自身情感、了解对方情绪，传递必要信息的最主要的方式。在服装动态展示艺术中，模特的面部表情管理和形象至关重要。模特根据服装的主题反映出特定的情绪和情感状态，并呈现一定的面部表情，化妆师根据服装设计师要求设计出一套完整的妆面形象，面部表情和妆面形象相结合能够协调一致地表现出设计师的诉求。但以传统的化妆手段可能无法达到设计师的理想标准，并且一套精致的妆容往往需要耗费数小时。一个名为"Face Hacking"的计算机系统突破了这一难题，让"秒化妆"成为可能。

Face Hacking也被称为面部全息投影技术，可以说是现代版的"易容术"。Face Hacking的创造者是毕业于日本东京大学的浅井宣通，他的灵感来源于日本视觉艺术，这项技术通过投影效果变换人们的表情和外貌特征。Face Hacking技术集合了3D扫描、实时面部追踪和投影映射三大功能（图3-7）。另一项是由日本团队研发的Omote技术，同样把人脸当作一块特殊的显示屏，利用最基本的动态捕捉技术和投影映射技术相结合的原理，实时追踪人脸，从而改变脸部妆容（图3-8）。不管是Face Hacking技术，或是Omote技术，这种使用面部有复杂骨骼结构的人脸投影，虽然刚刚起步，尚未运用在舞台表演之中，但相比传统技术中需要耗费大量工作精力的传统化妆手段有着巨大的优势所在。

图3-7　面部全息投影术"Face Hacking"技术

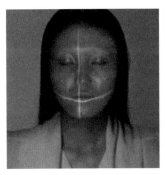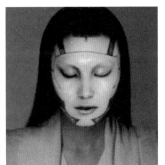

图3-8　面部全息投影术"Omote"技术

2. 服装动态展示艺术的时空性

（1）延伸展示时间长度

不同类型的服装动态展示在时长上也会有所区别，促销类型的服装展示和晚会类型的服装表演根据编导要求时长没有具体的限制，真正意义上的服装动态展示，如国内外的各大时装周，时长一般在15~25分钟，时间太短、节奏太快不能清晰地展示出服装款式细节，观众也意犹未尽，时间过长观众则会审美疲劳，有拖沓之感。因此，舞美设计师要在短短的25分钟之内，既要清晰地展示服装款式，体现服装设计师的设计理念，又要给观众带来极佳的视听享受，难度可见一斑。但近年来数字技术不仅解决了这一难题，延伸了表演时间，更是能够营造出独特的表现场景和视觉艺术氛围。这里所说的时间的延伸，不是演出时间的延长，而是在固定的演出时间内，通过数字技术改变舞台空间造型，再给观众在视觉和听觉甚至情感上产生时间延伸的错觉。

数字技术中的数字虚拟影像本身就肩负了时间的概念。"动"就是时间线索的流动，动态的影像在塑造空间环境的同时，也构成了时间的流动。2017年MCM举办的胶囊系列作品时装秀采用沉浸式舞台设计，受大自然有机行为的启发，短短的几分钟之内，在数字科技的推动下，以抽象图的形式带领每位观众穿越风雨、云彩和阳光，体验了不同的气候，仿佛真实自然和世界近在咫尺。这场秀以数字技术为支撑，让观众在几分钟内从视觉、听觉上全方位地感受一年时间的更迭与延伸。

（2）空间场景模拟再现

服装动态展示是一种"无声"的演绎方式，没有华丽的辞藻，也没有规定的格式概念，仅通过模特身着服装作品基于立体视觉的展示方式，让观众看到清晰可见的形象和画面。因此，在服装动态展示的舞美设计和编排中，空间场景的构成就显得尤为重要。

在传统意义上，服装表演的空间场景多为T型台加背景板的组合，并且整个空间场景是简单且相对静止的。当数字技术加入，表演舞台可以根据服装设计理念的要求，以数字媒体技术强大的图像生成和光线组合能力塑造一个尽可能接近设计师理想场景的虚拟镜像，如服装设计师的设计理念来源于冰雪，那么表演的空间场景可以通过数字技术投影出雪山脚下、冰川瀑布、白雪皑皑的场景，这个场景既可以是真实的场景，也可以是通过计算机设计过的虚拟的抽象场景；既可以是某一处现代建筑的复制，也可以是消逝古建筑的复原；既可以是平面的，也可以是立体的；既可以是静止的，也可以是角度地呈现透视效果，更可以瞬间转化。

3. 打破传统服装动态展示舞台设计形式

（1）创新舞台背景概念

随着舞台艺术和表演艺术的发展，舞台艺术的创作观念朝着多元化方向发展，新技术、新材料在舞台艺术中的投入和使用，扩大了舞台美术的范畴，舞台艺术走向了更大的生存空间，即实景式舞台。

实景式舞台分为两种形式，一种仍然是将舞台锁定在室内，但相较于传统的舞台布景不同的是将表演舞台还原成日常生活中的某一个场景，可能是花园、超市、候机楼，也可能是日常生活以外的场景。如 Chanel 2017秋冬高级成衣发布会中，为配合服装"太空"的主题，香奈儿将秀场装饰成火箭发射中心，并将火箭作为舞台背景装饰，如图3-9所示。另外一种是对原有的景观，如自然场景、历史建筑、文化广场等进行改造，使其符合服装表演的舞台要求。这一改造主要是运用数字技术，包括LED显示技术、全息投影技术以及灯光音响的控制技术。

图3-9　Chanel 2017秋冬高级成衣发布会

（2）舞台空间无限放大

"空间"是指物体存在的长度、宽度、高度，空间是一切事物客观存在的基本形式，存在即占有空间。服装动态展示舞台空间是因表演活动而产生的空间，它以舞台为物质基础，为服装表演活动服务，增加观众的带入感，是表演空间的重要元素。舞台空间的设计如同画画一样要讲究远、中、近三个空间层次感，处理好舞台的空间关系和透视关系，对于舞台的表现有直接影响。服装动态展示舞台，观众可以360°观看到服装的款式和细节，也能够实现模特和观众的互动交流。

数字技术加入延伸舞台的空间层次感，主要是运用数字投影技术配合灯光音效在近的舞台屏幕上投影出超越舞台范围的场景，使得观众产生虽近犹远的感觉。它最大的功能就是拓展服装展示的视觉空间范围，让舞台空间变"大"、变"宽"。数字虚拟影像能够充当起远景的形态功能，让投影出的远景生动起来。2019春夏巴黎时装周Balenciaga服装发布会以一场全新的多媒体艺术秀上演，打造了一座"时光隧道"。秀场由狭长的半圆形LED屏幕和数字地幕组成，无缝连接的屏幕让整个隧道仿佛变成奇异星球，带领观众穿越时光，翱翔宇宙。模特在隧道中缓缓而来，就像是星斗转移般的来到另一世界（图3-10）。

图3-10　Balenciaga 2019春夏时装秀舞台

4. 舞台氛围中声学表现

舞台是服装动态展示艺术视觉和情感传播的载体，能够被观众直接地感知到，承载了设计师希望传播给目标受众的各种信息。在数字技术的支撑下，音乐、灯光和舞台场景的有机结合，营造出表演氛围，以烘托出服装的设计风格和服装设计师的设计意图。

音乐在服装动态展示中充当重要的角色，是服装动态展示艺术信息释放的载体，触动观众的听觉神经，以最直接的、可感知的方式传达给观众，引起观众心理上的共鸣。音乐有着意象感和幻想感，这些特性指引和制约着观众的想象空间，对观众的审美思维进行指导，进而引发观众对服装设计的理解和感悟。目前，各类音乐制作软件可以突破人声和乐器的制约，仅依靠音乐制作系统就可以制作需要的音乐类型。另外，随着数字技术对音乐领域的参与度和影响力的加深，音乐作品越来越呈现出实时性、交互性和体验性的特点。在服装表演舞台中可以用到的是音乐识别系统，它是利用计算机技术采集声音，通过分析音频本身，对音乐旋律进行识别和索引，以获取音符、空间位置，以及其他的音乐属性，然后录入计算机系统，之后对音乐进行合成制作。在服装表演的舞台中，甚至会利用声音作为坐标来确定声源的位置，之后与音效、灯光、模特等相配合去呈现理想的舞台效果。

5. 数字服装发布会的新形式

（1）以影片形式发布

近年来，时装品牌采取了一种更为文艺的方法进行宣传，那就是时装电影短片，大手笔的制作，从故事片到纪录片，导演和演员不乏请大牌明星，这种在高级时装光环和感官的双重刺激下，时装消费市场给予了肯定。

时装电影的主体依旧是"时装"，时装电影的出现以及市场渗透，首先是为了凸显品牌的核心，利用故事性的叙事手法，展现品牌的时装走向以及竞争力；其次，新形式的时装发布方式，除了会对观众造成感官刺激，还会给买手、媒体提供一定的流行信息；最后，随着社交媒体平台的不断涌现，在数字领域中，视觉形式的交流变得势在必行，时装电影将依靠数字媒体快速传播并且会抵达到更广泛的群层，以此获得大量关注以及曝光度，进而达到最终的目的——销售。关于线上的服装发布会，数字发布的形式可以有更多的创新。例如，对服装制作过程或后台有更多的细节展示，强烈的视觉效果与故事情节，给平日主要门店经营的品牌带来巨大收益，与传统服装发布会相比影响范围更广。

（2）以直播形式发布

新技术的发展正在悄然改写每一个传统行业，对时装行业的入侵和改变已经愈演愈烈，疫情又加速了移动直播与服装发布会的组合。Burberry、Tommy Hilfiger、Ralph Lauren 和 Tom Ford 等众多国际品牌都开始通过秀场直播开启即看即买的新商业模式，这也成了目前服装发布会的流行销售模式。人们在家中观看模特走秀，通过 AR 等应用程序在智能手机上试戴墨镜、测试口红和其他产品，尽量增强消费者身临其境的体验感。

不论是国外的 Facebook、Twitter、Instagram、Snapchat 等社交平台的直播，还是国内基于微信、QQ 社交平台基础之上的 NOW 直播，这种形式能够获取更多的年轻用户，大幅扩大了服装发布会的影响力。根据英国时装协会数据显示，活动期间，有来自 162 个国家的用户访问了伦敦时装周网站，同比增长 283%，Facebook、Twitter 和 Youtube 等社交媒体的关注度也大大增高。其中有相当数量的品牌选择了保留传统走秀形式，并在线上进行了直播，这其中包括 Dior、Versace、Balmain 和 Miu Miu 等。

第(四)章 服装静态展示概述

一、服装静态展示的含义

服装静态展示与其他展示设计一样，都具有明确的目的性，虽然展示的形式、内容、规模等均呈现多样化的特点，但还是可以将其归纳出商业性展示和文化性展示两大类。常见的服装静态展示大多是以商业性展示体现出来的，因为它最能与消费大众接近，发挥最直接的商业功能，但在这些商业性展示中，也不乏文化性。很多的服装展示将商业性与文化性交织在一起，使消费者在购买商品的同时学习知识，陶冶情操，提高审美修养，体验生活情趣。

二、服装静态展示的基本要素

服装静态展示需要一些必要的条件，如基本的人力、物力保障，设计方案提出的原因及宗旨，对客户的调查和了解，对市场变化的把握与判断等。只有通过认真仔细的准备，才会有明确的设计方向，达到最终的设计目的。从服装静态展示的角度，可以将"人"分为两种角色，一种是传信者，另一种是受信者。传信者是指服装静态展示活动的举办者，如服装厂商、服装经销商等。设计者必须对传信者的展示目标、计划、规模，以及具体的服装品牌、性质、特征等基本的设计背景资料和数据有所了解，在此基础上展开具体的展示设计工作。受信者即指观众或顾客，这是服装静态展示设计的诉求对象，是活动得以实现目的的主宰。他们的生活形态、思想观念、消费欲求、购买动向等都直接关系设计的成功与否。所以了解受信者的内在动机以及观赏心理、行为规律、参观习惯等至关重要。对受信者的研究是一项烦琐的工作，由于地域环境、社会形态、时代观念以及年龄、性别、职业、阶层、性格等的差异，人们对服装的认识和需求千差万别，这会加大设计的复杂程度。在这方面要特别注重研究特定范围内人的共性特征，这样才能把握整体、控制大局，取得相应的设计意图。

（一）地点

具体的展示场地是服装静态展示活动得以顺利开展的基础，对于地点的考察与了解十分重要，设计者应从以下几个方面进行分析：

1. 面积情况

展示活动场地使用的具体面积包括平面的长宽比、大体形状等。

2. 位置条件

位置条件主要包括展示地所处的位置条件是在参观主线上，还是在辅线上，是否有通道方便出入，电梯、展品装卸运输是否方便等。

3. 具体细节

具体细节主要指空间界面的具体情况，如地面、墙面、顶面的环境条件和举架高度等。

4. 照明状况

照明状况是指展示场所的自然采光和人工照明条件。通风、防潮、电源、水源、通信等基本设施条件。展示场地是一个相对复杂的空间，对场地的了解不能只停留在可供参考的图纸上，还应进行现场勘察，做到对真实情况的准确把握。

（二）时间

时间可以分为两个阶段：一是设计制作时间，二是展示时间。

1. 设计制作时间

设计制作时间必须绝对服从展示时间的要求，应做到精心安排。如对何时做完设计方案，何时完成准备工作，何时布展、撤展等都应做出严格的时间计划。只有这样，才能保证展示的准时、正常、顺利进行。

2. 展示时间

展示时间应制订严格的计划。例如，策划一次服装展览会，一年中计划开展几次，每次多长时间，是短期还是长期，是以星期为单元还是以月或季为单元进行。

（三）经费

经费是十分重要的条件，是保证服装展示活动得以实现的特质基础。一个服装展示需要用多少资金、能够投入多少资金、资金如何分配等都是必须考虑的问题。经费一般分为直接经费和间接经费。直接经费包括调查研究费、设计制作费、场地租用费、施工材料费以及运营、管理、耗能等费用。间接经费是在展示设计和实施过程中相关联费用的总称。经费投入同展示规模、制作手段、设计内容、最终效果等直接相关。原则上讲，服装展示设计作为一种时效性的展示活动，应本着有效、易制作、易使用来进行，即合理的经费开支，最大限度地表现所需效果，避免浪费。因而必须进行严格、周密的经费预算。以上各个基本条件都有独立的内容和特征。同时，各要素又是相互联系、互为作用、不可分割的整体。服装展示的最初工作就是通过对各要素的分析和研究，充分了解它们各自的性质和作用以及相互关系。并以此为依据，再通过对具体展示形式构成要素的把握及富有想象力的创意构思，最终提出优秀的设计方案。

三、服装静态展示的类型

（一）商业空间展示

商业空间展示设计首先是以商业为目的，按照一定的功能、目的而进行的服装商品陈列及其整体布局的规划，包括对空间、道具、照明、音乐等的整体设计，即通过创造展示空间环境，有计划、有目的、合乎逻辑地将商品展现给消费者，并力求对顾客的消费心理产生积极的影响，从而创造效益。例如，卖场展示设计是视觉识别中的一个重要组成部分，是产品、形象的直接展示。越来越多的品牌开始通过卖场终端来树立品牌形象，这一便捷的宣传推广形式，不仅被经营者广泛采用，同样也被消费者所喜爱。今天的卖场展示设计已经不仅仅是销售的场所，更是一个展示品牌个性与商品特色，使消费者在浏览与购物的同时得到美好享受和愉快体验的场所。也因此提高了服装商品的附加值，增加了企业的利润和品牌的无形资产。

（二）服装博览会展示

服装博览会是生产厂家以销售本企业产品为目的而组织的展示活动。它是设计师、服装公司、厂家或贸易部门将自己的设计样品、产品或已经成为商品的服装，介绍给买方的一种展示形式。这类展示具有明显的时间性和季节性，在展览内容、时间、形式上具有很大的灵活性。规模可大可小，可以在订货商组织的茶座间进行，可以在企业内部专门为客户展示，也可以公开发布，兼有社会宣传的作用。要求展示具有强烈的形式感，活跃热烈的气氛和强烈的视觉印象，并同时还要保证在较短的时间里接纳较多的观众，保证参观者的安全、便利，在空间设计上保证洽谈、销售空间。

（三）博物馆展示

博物馆展示是在一定程度上反映一个城市的服装文化，展品经过严格的审核以保证其展品和展示内容的权威性，如丝绸博物馆等，展示的服装多以珍贵的历史文物服装为主，多陈列在橱窗内，主要考虑馆内环境设计、服装的陈列方式、照明采光、观赏效果等。2021年2月6日，由中国国家博物馆主办的"中国古代服饰文化展"在中国国家博物馆北18厅开展。此次展览是国博首个服饰通史类展览，以孙机先生等国博学者数十年学术研究成果为依托，展出文物近130件（套），类型涵盖玉石器、骨器、陶俑、服装、金银配饰和书画作品等。配以40余件（套）辅助展品、约170幅图片和多媒体设施，不仅生动描绘中国古代服饰审美取向和穿着场景，而且系统展示了中国古代服饰的衍变历程，深入阐释了服饰所承载的社会文化内涵（图4-1）。

图4-1　中国古代服饰文化展（图片来源：中国国家博物馆）

第五章 服装静态展示创作

一、服装静态展示的创作程序

（一）提出设计方案

任何展示设计都要有一个前期设计方案，这个方案是一个总的目标和要求，包括：展示的内容和目的，展示的形式和规模，展示的计划资金。

这些来自展示活动的筹办方，展示设计正是在计划的前提下以委托或下达任务的形式开始的。作为设计者，必须根据方案委托的最终目标充分了解该方案的有关内容、条件和要求，深刻领会委托方的意图。这是进行展示设计前必备的基础，前期策划工作虽然不是真正意义上的设计工作，但其进展将直接影响到展示工作的最终结果。这些工作的充分与否对于后期设计工作进展将产生很大的影响。

（二）制订工作进度

在充分理解委托方的意图和方案要求后，设计者需要根据计划要求的展示内容、规模及时间，制订一个设计工作日程进度表，以便合理地安排设计过程中各个阶段的工作时间，保证能够在规定的时间内完成。一般的做法是，将展示设计从开始到结束需要经过的各个阶段计划的起止时间统筹规划，并以文字描述、图表的形式表现出来。制订工作进度图表时，需考虑的问题：要对展示时间要求和设计难易程度做整体的了解和分析，合理进行工作安排；必须考虑到计划时间内各个阶段工作的相互配合，以最短、最合理的进程安排来获得最大的保障；展示设计并非个人行为，而是相互合作的团体工作。因此，需要对各个环节的工作进行细化，与各项计划相对应。

（三）进行客户调查

展示活动的主体是客户及其产品，在设计之前对客户的深入调查是重要步骤。为了保证设计合理、预算准确和布展顺利，必须做好客户调查。只有完全理解展示要求，充分认识展示内容，了解客户及展品的情况等，思路才会清晰。一般情况下，客户调查应从以下几个方面入手。

1. 掌握客户的企业理念

服装展示设计中，往往都引入"服装企业品牌形象"的概念，即将整个展示活动视为一个系统的活动，在这个活动过程中，应当有一个统一的形象，以利于整体对外宣传和推广。这个形象系统往往是由统一的可视化形象或形象化的规则组成，如服装品牌的标志、口号、色彩等形式。这个系统的形成对后期的具体设计实施都会起到限定的作用。

2. 了解客户的预期效果和最终目的

预期效果和最终目的是客户展示设计计划的根本，是服装展示设计的出发点。只有理解、吃透这些才能准确把握设计方向。

3. 弄清展品的种类、数量、规格和特殊要求

设计者对展品情况的掌握，直接关系到展示的方式和空间构想。同时，设计者还必须了解各种设备、材料、性能、价格等，以满足委托方的特殊要求。

4. 及时同客户沟通

设计者要随时了解客户的观点、动态以及资金投入计划，以便及时对设计进行相应调整。

（四）了解市场动态

市场调查对于任何设计活动都是必要的。通过市场调查，设计者可以了解同类展示活动的形式和应用技术，目标观众对一般展示活动的认同感及对展示活动效果的评价，分析影响展示效果的各种因素，掌握展示活动中使用电动、电子、光电和其他技术产品的各种参数、市场价格及厂家。通过调查还可以对客户的主要竞争对手及其产品形象进行了解，在市场竞争中做到"知己知彼"，保证设计具有丰富的第一手资料。调查可以从这些方面来进行：对三个以上的同类展示活动进行分析，对目标观众进行问卷式调查，对展示设备、材料做市场调查，对主要竞争者情况进行调查。

（五）索取相关资料

除了必要的调查，设计最重要的就是索取相关资料，如客户的文字、图片介绍以及展示现场的建筑图纸等。对以上收集的资料进行加工整理，并以报告的形式总结出来，设计前期的准备工作也就基本就绪。

二、服装静态展示的总体设计

服装展示设计涉及多个方面，是综合多方面的影响因素，在整个环节过程中，个别因素诸如形、色、光等都会对其整体效果造成影响，所以在对服装展示设计前要有全局的观念、总体的把握。

（一）总体设计原则

1. 全局观念原则

对服装展示设计进行总体设计，要把握全局，树立全局观念，进行展示环境的总体规划，制订明确的展示设计总体方针，了解展示的意图和预期目标。对全

局进行整体把握，要基于调查、分析、综合和判断，艺术构思要在这些的基础上先放后收，广开思路，征求各方意见。根据展示内容划分出各种陈列场地范围。按展出内容的密度、载重等，考虑总体空间的合理分配并确定具体的展示尺度。同时，还要考虑观众（顾客）流量、浏览路线、消防通道等因素，给观众提供一个舒适的欣赏环境，创造最佳的展示环境，高效地使用空间。

2. 以人为本原则

人是服装展示过程中的主体，是服装展示设计的主要受众，以人为本是要充分考虑展示中人（受众）的因素。展示设计方案在总体方针的指导下。展示的各项尺度（包括空间、平面、展具等）、展示基调的确立（包括色彩基调、文风基调、动势基调等）、灯光和色彩设计等环节都应充分考虑到人的心理和生理因素，为受众创造舒适的视觉和心理感受环境。

3. 开放思维原则

开放的思维容易提出更多的新奇手段去吸引观众，利用开放性的创意思维，选择丰富多样的展示构成形式。开放性的思维方式，围绕展示主题追求新颖的表现形式，善于发现和使用新材料、新工艺、新技术和新媒体。善于吸收其他门类艺术的表现手法，如舞台美术、电影、戏剧、舞蹈等艺术表现形式，创造引人入胜的展示氛围。善于创造新颖的构成形式，具有鲜明的、个性的构成元素。利用色彩、光影、植物、水体、图形符号等烘托展示气氛，创造独特的艺术风格。

4. 可持续发展原则

现代设计的理念将越来越多地体现对资源的控制利用而不是盲目开发，所以对资源的合理开发、有节制的利用应该是现代展示设计的重要原则。设计者要具备节能环保的意识，设计要利于社会的可持续发展。

5. 成本控制原则

掌握展示设计的制作实施经费预算，充分考虑施工技术和制作材料的制约，使设计构想不脱离实际，最大化利用有限的资金，达到最佳的设计效果。

（二）设计程序

1. 市场调研

①针对所要进行展示设计的品牌定位、风格定位、产品定位等信息的调查，了解品牌预期要达到的展示目标、计划、要求等。

②针对与目标品牌市场定位相近的竞争品牌的产品、风格等相关信息的调研。

③针对展示诉求对象的定位调研，即品牌目标消费群的生活方式、思想观念、消费心理、消费习惯等情况的调研。

④对展示场所环境空间进行调研，了解具体展示场所的面积、场地形状、所

处位置、空间界面、设备条件以及周边环境等情况。

2. 信息分析

对上述调研结果进行系统分析，包括：

①明确品牌预期要达到的展示目标、计划和要求。

②对品牌所要传达的信息进行分析。

③对展示诉求对象的定位分析。

④对展示场所的环境空间进行分析，包括客流量、顾客流动路线、通道、环境面积、空间界面等。

3. 编写展示设计策划书

展示设计策划书是在市场调研和资料数据分析的基础上，对这些资料数据进行进一步的梳理和整合。策划书的内容包括：

①服装展示设计委托单位和设计单位，主要指的是展览主办单位、承办单位。

②展示设计的目的、定位、要求及预期目标。

③展示的主要内容、展品与资料范围、展示重点等。

④展示的地点、面积、空间环境等（展览规模）。

⑤展示调研时间、设计时间、制作时间等计划。

⑥展示设计脚本大纲。

⑦展示设计的空间形式、表现手法、艺术风格等。

⑧经费预算。

⑨制作、施工及管理实施计划，展览还涉及布展和拆展等。

4. 编写服装展示设计脚本

脚本是处理文件的延伸，是一种纯文本保存的程序。一般来说，计算机脚本程序是确定的一系列控制计算机进行运算操作动作的组合，在其中可以实现一定的逻辑分支等。制作脚本就是通过相关程序或语音手工编写用来控制计算机进行运算的操作动作的组合的过程。展示设计脚本也称作展示设计文案，是服装展示设计中关键的部分，是展示设计定位和设计构思的说明。撰写展览脚本的人必须有广博的知识，并不是仅有文学写作修养的人就可以胜任，除了具备文学、艺术史、哲学、宗教等方面的知识外，还要关注科学与技术、社会经济与文化的发展动态。商业服装展示对文字脚本的要求不是十分严格，但好的脚本是好的设计的前提，是设计师发挥想象力与创造力的依据。展示设计脚本包括总体脚本和细目脚本，主要内容包括展示主题构思、展示气氛的营造意向和展示效果的要求等，是设计师进行具体设计创作的依据。

（1）服装展示设计总体脚本

包括展示的目的、要求，展示的主题构思，展示内容、规模与面积、展品类别、艺术创意构思、表现形式与手段等。

（2）展示细目文案

展示细目文案包括展示空间平面、立面设计意向以及版式设计意向、道具要求、陈列重点、照明与装饰设计意向、实物和图片的选择与数量和图表统计数据、材料与工艺的要求、对表现媒体及表现形式的建议等（见附录）。

三、服装静态展示的创作方法

（一）形态构成要素的运用

形态构成要素点、线、面的概念在第三章第三部分已经介绍，那么在服装静态展示过程中也会有所运用，点尽管在空间中的体积很小，却又具有自由、灵活、生动的性格，可以成为视觉的焦点。在服装静态展示设计中，点的运用主要体现在服装、服饰品、模特、展示架、展示柜、收银台、中岛等相互的关系及与整个店面的位置关系上。例如，服装上的纽扣相对于整件衣服而言，服装店内的品牌标识相对于整个店内空间等。要注意处理好商品、展示道具等相互之间的主次、疏密、距离、平衡关系。在展示设计中，线也是一个相对的概念，物体长宽比悬殊就会给人线的感觉。面的构成体现在商品、道具、展柜、POP 海报等的相互配置关系中。要注意上述各要素之间不同形态的配置关系，注意前后、大小、上下、疏密、聚散的变化。主体展示要素应配置在突出的位置给以强调。在实际的展示设计中，通常是将点、线、面等基本构成要素相结合，综合应用来获得丰富的展示空间布局和突出的视觉效果。

（二）形式美法则的运用

展示设计是涉及多学科的视觉艺术设计活动，以信息传达为目的，高效地传递信息是展示设计追求的目标。在竞争激烈的市场，如何强化信息差别、深化信息表达理念，更是离不开形式法则的运用。

例如，服装静态展示设计中应用重复法则的例子非常多，为了避免重复的单调、乏味，往往采用重复的骨骼，而在服装或配饰等方面进行变化来打破沉闷的气氛；对称构图给人感觉庄重、稳定、大方，但如果应用过多也会给人呆板、沉闷的感觉，在实际展示中可以采取对称形式的骨骼，而在展品的陈列上有所变化，以求稳定中的生动变化；渐变在展示设计中的应用也非常广泛，它通过色彩、形状等视觉要素的递增或递减连续变化而产生一种带有秩序和律动的美感。在服装展示设计中，节奏与韵律是通过产品的疏密、错落等有规律的变化来体现的，是展示设计重要的形式法则；对比的内容非常丰富，通过产品、道具、装饰、POP海报等视觉要素在形态、比例、色彩、材质等方面产生对比关系或矛盾冲突造成强烈的视觉冲击力。不同产品、不同品牌在对比和调和的运用上有很大区别，高档服装品牌适合类似要素弱对比，而运动品牌、中档年轻品牌更适合差异要素的调和。

四、空间设计

服装静态展示空间是一种空间形式，是指在既定的时间和空间范围内，运用艺术设计语言，通过对空间与平面的精心创造，使其产生独特的空间氛围，不仅含有解释服装、宣传主题的意图，并使观众能参与其中，达到完美沟通的目的，从而实现观众与服装的互动交流和商业销售的一种多维的展示形式。

服装展示空间是一种特殊的空间形式，其主体为服装及服饰品等，所以展示空间是展示者与观者通过服装或服饰品进行交流的空间。这里所说的展示不光指服装或服饰品实物，还包含展示空间本身和道具、灯光等。由于服装展示空间表达了展示者及服装、服饰的形象特色，使观者在观赏的过程中从空间和平面上全方位感受服装展示空间的氛围，使其在艺术设计门类中独具特色，并从其他设计门类中相对脱离出来，成为一门综合的设计艺术。从空间上看，它既具备建筑空间的艺术风格，又极具象征和表现主义的雕塑精神；从平面上看，每个展示面的设计都充分显示了视觉传达的魅力。随着科学技术的不断进步，服装展示空间设计融入了大量的高科技手段，早已成为技术含量很高的艺术活动。同时，为促使展示者与观者更好地交流，商业经营是服装展示空间的主要目的。

（一）服装静态展示空间的设计特点

服装展示空间是室内设计、建筑设计、企划设计的综合体，它在不断满足商业目的的同时，自身也逐渐成为独立的艺术形式。从整个服装卖场的规划到商品陈列，无不需要我们以构成设计的原理来运用其间。从平面构成的点、线、面到立体构成的体块空间，以及色彩构成的色调搭配，这些都要作为服装展示设计的元素。可见服装展示设计是一门具有包容性的综合设计艺术。

现在作为服装静态展示空间的策划者、设计师，越来越受到人们广泛的认可与支持，开始意识到服装展示设计的重要，设计师本身也越来越注重设计形象，并为这种短暂的空间艺术而努力着。服装静态展示空间是一门构成艺术，除了平面构成、色彩构成之外，用实体限定来创造带有心理情绪的立体空间构成是展示设计的主要艺术手法。观者随着空间的变化相应改变着情绪。一个好的设计师是一个好的心理专家，他可以运用空间来影响人的行动和心理。既然是空间，它必定是要流动的、延续的、有时间性的。加入时间概念的空间是四维空间，从某些方面看，它与电影艺术类似，用时间的延续来展示空间变化。为了显示整体感，在特定的范围内，实体、空间应该是统一的。除了在标识系统和色彩搭配统一形式之外，空间的围合形式应是统一的。在统一的基础上，尽力创造视点集中的焦点。这个焦点如同杠杆的支点，起到中心控制作用，而大面积的空间排列和空间渐变甚至空地都应围绕着这个焦点，使整个卖场达到稳定、均衡的效果。服装卖场内区域的空间要互相渗透和融合，不同卖场区域的空间也要相互映衬，考虑整体效果。主要分三个方面：内空间联系、内外空间联系、两种空间渗透。观众视线要能在空间中流动。

服装静态展示空间组合形式主要有开放式、半开放式、封闭式。在一个服装卖场里，开放式空间给人的心理感受是动态的、开放的，公共通行空间，使人从各个方面都能自由关注不同区域。半开放空间属中性空间，介于开放式和封闭式空间之间，通过一些半通透的隔断或虚空构架来限定空间，人们不能完全自由穿越这个区域，但是视线基本上是可以畅通无阻的。这种半遮半掩的空间形态，比开放式空间略显静态，却也比封闭式空间显得活泼。使有限空间无限延展，并能相互融合，景致重叠，给观众带来柳暗花明又一村的开阔心情。虽然卖场空间自成一体，需要有明显的区域限定，在一个服装卖场内部依据功能的不同也要分出若干限定区域，如销售、试衣、仓库等。但为了扩展视觉范围，绝大多数卖场在意识上要封闭，但空间要开放，达到封而不闭的效果。这种形式有很多手法可以表现，常见的如立式展架、展柜、展墙等。在卖场流动过程中，人们多在开放式空间和半开放式空间中穿梭，视野时而开阔、时而狭窄，心情也随着变化。设计师可以根据这样的心理规律安排卖场区域的功能分配。一般说来，人在平和的心理势态下对事物的记忆力不如在动荡的心理势态下的记忆力，所以在空间运用上，应该刻意制造意外的变化，让观者被空间的神秘所吸引而去探索。

（二）服装静态展示空间整体规划

服装展示的空间布局复杂多样，各个经营者可根据自身实际情况进行选择和设计。总体来说，在进行区域规划时，应遵循以下原则：

1. 便于顾客进入和购物

服装商场是为顾客服务的，其空间规划必须以顾客为中心，每一处都应该充分考虑方便顾客的购物行为，如"看、取、试、买"等购物行为。另外，在现代社会，顾客进入商场的目的不只是购买服装，还是一次时尚的旅行。因此，卖场不仅要拥有充足的商品，还要创造出一种适宜的购物环境。

2. 便于商品推销和商品管理

服装展示空间的规划要符合服装的销售规律，符合商场服装销售规律的规划，将会促进销售额的提高，同时又能提高工作效率，甚至减少卖场中的人员编制。在这里主要应考虑以下两个方面：

（1）有效的商品推销

为了使卖场中的销售活动有起有伏，通常把卖场划分为导入区域、营业区域、服务区域三个部分。各区域之间相互呼应，形成有机的联系，使卖场中的销售活动形成一环扣一环的局面。另外，通过对货架和服务设施的合理布置，使卖场中各区域客流均匀，这样既方便管理，避免各区域导购员忙闲不均的现象，从而有充分的时间对顾客进行销售，还可以在顾客的试衣和购物路径中，有意识地安排一些饰品和搭配服饰，促进顾客的连带消费。

（2）简洁、安全的商品和货款管理

为了使卖场内的视线较好，通常在中间设立矮架，这样有利于营造简洁、通畅的环境。将收银台、试衣室设置在卖场的后半部，可以增加商品和货款的安全性。

3. 便于商品陈列的有效展示

目前，大多数服装设计都有一定的系列性。在服装展示空间进行陈列时，也要按系列进行分组陈列。因此在卖场规划中，还要考虑货柜之间的组合，即货架的摆放要方便陈列的组合展示。布局合理的空间既要体现出功能的合理性，还要体现出艺术美感，反映服装商场独特的经营理念和风格。例如，视觉方面要考虑整个卖场中货柜、道具分布的均匀度和平衡感。一个构思新颖的卖场，能在众多的卖场中脱颖而出，给消费者留下深刻的印象。服装展示的整体空间规划要结合店铺的空间结构特点，进行合理的布局和设计，根据不同的标准，设计不同的规划方案。

（三）服装静态展示空间的设计手法

展示设计在空间中的应用，重点在于采取何种方式实现空间的营造。空间意境的表达，既可以借助实景进行表达，也可以借助虚景进行表达，并且在空间的实际营造方面，需要注重空间展示设计之间的相互渗透等。

1. 实景空间

展示空间设计中实景空间的展示，主要是通过对某一画面场景的展示模拟，将场景中的状态完整地表达出来。例如，在很多历史性质的展馆中，可以见到很多实景空间展示设计，该种设计既可以是当时历史的一瞬，也可以是多个历史瞬间的重叠，该种设计使得参观者能够从实景空间设计中感悟到故事情节，再加上相应的故事陈述，创造出一种时间穿梭意境。实景空间设计最大的优势就在于真

实，真实的画面最为质朴也最具有代表性，强化人情味和个性化，使得参观者能够触景生情，唤起人们心中美好的情感。

2. 借景空间

借景空间中的展示设计则与实景空间设计不同，借景空间设计手法在建筑、园林景观中的应用较多，由于借景的方法有很多，将其运用得当，能够在空间的展示上取得较好的效果。借景的手法通过物体之间相互借映，扩大观众的心理空间，如通过投影后者是虚幻意境，从不同的反射角度塑造出比较有趣的空间，使人的思想意识中产生"小中见大，步移景异"的感受。该种手法比较奇妙，在交互式展示设计中应用广泛。此外，开窗借景、开门借景、全透、掩映等手法，能够将空间信息展示出来，并且达到空间渗透的效果。

3. 共享与渗透空间

展示设计空间营造手法中，共享与渗透空间营造方式比较特殊。该种空间营造手法在大型的空间中引用比较多，借助对空间的调和、开放、围闭等方式的矛盾处理，以及视线空间中的声音和光照，使大型空间比较宽敞，在进行展示设计的造型上比较丰富。如通过造型的叠加、色彩的渲染等产生大空间的展示效果，并且借助富有层次性的设计，使得展示空间的隔离不断、意境相连。同时，经过共享和渗透的空间设计手法，使得空间借景具有较大的流动性。

4. 拟人空间

在展示设计中，当实物、实景不能表达出空间的意境时，需要借助其他外在的物象进行空间含义表达。拟人的空间表达手法比较特殊，常见的拟人表达方式有象征、幽默、夸张等。在空间设计中增加了这些设计之后，其空间的营造将会更加生动。

五、色彩设计

色彩是构成视觉美感最为重要的因素之一，是人们识别物象、认知世界的重要条件。客观世界中各种物体都呈现出不同的色彩，人们无时无刻不与色彩相关联。大自然万紫千红、五彩斑斓的景色会给人带来喜悦和欢快，优秀的人工色彩组合也给人以美的享受。服装静态展示是通过造型进行视觉传达的一种立体广告形式，大量的广告信息必须通过色彩来诉诸顾客。色彩具有易被人注视和感知的特征，不仅可以吸引顾客，让观者有效地认识服饰商品，也能从中感受到物体的美感，激发心理兴趣和购买欲望。因此，在服装静态展示设计中，色彩作为一种最富表情元素和感情含量的语言，无疑是营造情调、意境、气氛和新奇感的最有力的因素。

（一）服装静态展示色彩设计的构成

1. 背景色

背景色是占有展示空间面积最大的色彩，形成展示空间的主色调。主色调是展览会总体设计和展台总体设计的主旋律，并对展示空间内的展品、展具、装饰物件等起主导、陪衬、烘托的作用。背景色是展示色彩设计中首先要考虑和选择的对象，图5-1为第十五届文博会中"意向森林"浪GO静态展。

图5-1 "意向森林"浪GO静态展

2. 主导色

主导色是指展示空间内展品、展具、光源等的主要色彩，体现为相互间的协调色或对比色，如家具的质地与色彩、光源的形状都会彰显展示空间独特的气氛。在展示色彩设计过程中，应当视实际情况选用不同色彩层次的展具、光源，以便调整主次关系，突出展示空间既定的色彩方案。

3. 点缀色

点缀色是指展示空间内装饰植物、装饰画等装饰物的颜色，这些装饰物所占比例虽小，但其造型与色彩对营造展示空间气氛、渲染空间意境有着重要作用，所以在展示设计中也不能轻视。

（二）服装静态展示色彩设计的特点

服装作为一种商品，有它独特的特性，不仅包含物质方面的元素，同时也有精神方面的元素，具有较强的流行性，是流行的产物。服装作为人们生活当中一项重要的内容，决定着人们的生活方式，对人们的消费具有指导意义。为此，服装展示作为服装销售的一个重要环节，就需要充分了解服装色彩的特性，才能做好服装展示色彩的策划。

1. 多样性

服装展示作为服装产品的一种销售手段，不可能是孤立的。因此，多系列、多风格、多色彩共存是服装展示的一大特点。作为不同的服装品牌都有自己特定的消费群体，即使在同一顾客群体中，也存在着不同的审美差异。作为一个成熟的服装品牌，为了满足不同消费者的审美需求，在每一季的销售活动中，都要推出多个不同风格、不同系列的服装展示发布会，因这些不同风格的服装其色彩和款式都有区别，在同一个展示空间就会出现多个色彩系列并存的情况。因此，在服装展示和陈列的过程中必须考虑系列色彩搭配的整体感，不仅要考虑单套服装或单个展示架上服装的色彩搭配效果，同时还要考虑整个展示空间中各系列服装之间色彩搭配的协调性。

2. 变化性

服装是一种季节性很强的商品，因季节的交替、气候的转变，服装展示的更换也很频繁。不同季节的服装对展示的条件也存在不同的要求，不论在色彩上、展示形式上，还是空间形态的安排上都有区别。其主要目的就是服从、烘托服装品牌的特色，引导消费者的购买欲望。特别是在两个季节的交替期间，各个服装品牌更是拿出自己的全部力量，进行新一轮的品牌形象打造，使得整个展示空间的因素变得复杂起来，有的甚至出现两个季节服装并存的状态。因此，在不断变化的展示活动中衔接好季节更替时前后两个季节服装的色彩是十分重要的。

3. 流行性

服装不但具有季节性，它更具有流行性和时尚性。它的流行性和时尚性来自社会的各个方面，最主要的方面就是每年国际流行色机构推出的一些新的流行色。同时，还有法国、意大利等世界著名时装设计大师的作品发布会，这些都是在服装展示中必须考虑的色彩因素。除了引领国际潮流的这些流行活动，还需要在实际生活中细心观察，激发灵感。在日常生活中，要有敏锐的观察力，在生活当中不断发现新的流行色搭配方式，不断调整展示色彩运用的不足之处，使服装展示的色彩更具活力。

（三）服装静态展示色彩设计的作用

色彩不仅可以通过人们的视觉传达丰富的信息，而且可以作用于人的心理和情绪，这就是色彩在人类生活中受到特别重视的原因。由于灯光的辉映，服装展示中的色彩更蒙上了一层迷人的神韵。在服装展示设计中，色彩设计占有很重要的位置。优秀的色彩设计能在展示中发挥特殊的作用。

1. 优化商品的视觉效果

运用色彩的对比作用和调节作用，通过服饰商品色彩之间的对比，背景和商品之间的反衬、烘托以及色光的辉映，使服饰商品在顾客眼里获得特定的良好视觉效果与心理效果。由于顾客先是从远处观看商品，大块面积如果没有有序的色彩组合，其视觉张力及强度就不足以吸引顾客。商品按照一定的色彩关系分组陈列，可以给顾客以舒适的观感，让顾客在观看服装商品的同时，产生购物的兴趣。根据要求可将商品按照冷暖和深浅依序排列，在提高挑选率上是十分重要的。

2. 增强视觉的指示与诱导作用

展示环境的主色系，各区域的标志色、道具色、商品色等各个部分的普遍运用和综合性的统一，在整个展示环境中起到了良好的指示性与诱导性作用。例如，在服装展示环境中，每一个成熟的品牌都以已经限定的标志色彩作为展示区标准色，来区别于其他商业区域。

3. 表现特定的视觉心理与展示氛围

在服装发布会上，观众往往被目不暇接的各色新款时装创造出的氛围所感染，沉迷于美轮美奂的梦境中。在消费品购物环境中，顾客往往为各种新鲜服装展品所激动，产生强烈的购买冲动。不同类型的展示由于具有不同的展览功能与目标，因此有着为实现不同功能与目标的不同设计特征，包括不同的情调与氛围。不仅如此，不同类型的商品，其展示场所的情调氛围也各不相同。这种大环境和展示商品个性的色彩基调，由于能很快地作用于人的心理情绪，所以能直接影响展示现场的效果。

4. 美化作用和审美作用

赏心悦目的色彩，统一和谐的色调，富有韵律感、节奏感的色彩组合序列，能美化商品，美化展示环境，给人以视觉与心灵的快感与舒适。此外，色彩的调节作用也是十分明显的，主要包括对展示空间感和温度感的调节。设计者巧妙利用冷色、暗色的寒冷、沉静、退后、收缩的特性，调节展示空间感的大小、远近，调节展示场景的冷暖感觉和气氛。在不同的季节里，有针对性地改变陈列样面的色彩属性是很重要的。例如，在男装区域，每个橱窗都被要求陈列新式蓝色衬衣和米色上装，显然各家的面料和花色各不相同，但是顾客被暗示此色彩是这一季的最佳搭配，第二个周期可能采用另外一种色彩搭配。

（四）服装静态展示的色彩选择

服装静态展示既要保持服装、织物缤纷多彩的特征，又要突出颜色的相对重点，给人以视觉上的强化，同时要服务于展台的整体效果。静态展示色彩的取舍取决于两个基本因素：一是展出服装要适当配合当季或者下季流行，并强化当季产品的主打色；二是从品牌的总体形象出发，强调品牌的标志色。

1. 色彩种类宜少不宜多

这是一条普遍的规律。除了参展服装以外，展台内其他展品、展具的颜色必须简单。不论目的或意图如何，用色不要太多，否则容易破坏展台的统一协调，影响整体色调，应该只有一种或者两种主色调，其他颜色作为配色应当与主导颜色相配。要结合参展服装的色彩选择、使用颜色，在色彩的设计上，可以采用衬托、对比、强调、过渡等一系列手法强调对参观者的视觉冲击。如果服装展品色彩过于丰富，或者展台策划人员色彩感觉稍差，可以采用无色系的黑、白、灰作为主要色调。

2. 合理选择色彩

色彩选择要与灯光照明、展具展品的质地以及参展企业的意图统一考虑，要从展台的整体设计效果出发选择色彩。色彩使用得当，可以大大加强展台的整体效果，给人留下更深刻的印象。

3. 合理进行区域区分

可以用不同的色彩连接与区分展品的不同区域，同时要充分使用色彩，将自己的展台与周围的展台区分开。

4. 尊重民族、地区风俗

尊重民族和地方对色彩运用的禁忌和习惯，考虑参观者对色彩的反应，不要使用可能引起抵触情绪的色彩。色彩并不能独立地创造出良好的展台环境，并不能最佳地展示产品。色彩要与照明配合使用，且它们必须与展架和图文配合使用时才能产生应有的整体效果。

（五）服装静态展示色彩设计的方法

色彩是影响顾客对服装判断的重要因素。许多有实力的服装品牌企业，在每季新开发服装的色彩和花型上力求形成自身品牌的独特性与竞争的不可替代性，同时在店面色彩陈列设计方面也寻求自身的特点，在实际执行陈列之中，要做出一个完整、合理的计划。

1. 产品特点分析

在产品开发时，对色彩的陈列规划就已经开始。色彩陈列计划是整个陈列方案的一个部分，需要首先分析产品品牌特色、设计风格、色彩、种类、价格等特点，选择合适的展示方法。通常在产品开发时，服装设计部门已经考虑了服装色彩的相互搭配，陈列部门需要了解这些色彩资料，掌握当季色彩的特点与配色方式，统计各种配色中的色彩比例。店面陈列中最常见的方法，是按色彩进行分区域陈列或者按服装系列进行陈列。

2. 顾客特点分析

优秀的卖场设计，其色彩的运用往往能起到先声夺人的作用，对顾客的心理产生强大的吸引和刺激，这要求卖场要在了解和分析消费者心理的基础上，更多关注消费者对品牌形象、产品风格和色彩的感觉。服装卖场色彩设计就是要使服装卖场形象情感化，成为与消费者沟通的桥梁和中介，将服装品牌的思想传达给消费者，使营销更加省力和高效。

3. 色彩计划的实施

卖场的色彩会主导整个卖场的气氛和效果，卖场陈列的总体规划要根据色彩的特性进行规划，做到整体协调、局部强调，统一中求变化。在进行卖场色彩的规划时，陈列设计师应根据服装品牌风格、色彩等特征的不同，对卖场环境的色彩做出相应的分区域设计，对已有服装进行第二次组合设计，在整体协调的前提下，形成丰富的变化效果。

（1）关注店面整体装修色彩

一般而言，在开业以前已经决定好经营的服装风格，就随之决定了店面色彩。这些色彩有墙面的色彩、形象板色彩、道具色彩、灯光色彩、门头色彩、形象字色彩、装饰品色彩等，所有这些色彩组成了店面的整体色彩。而这些色彩都要根据服装风格和顾客的心理等因素综合考虑而定。

（2）考虑卖场的形态

卖场的形态是宽大还是狭窄，直接左右着产品系列和色彩的陈列位置。空间越狭窄，越需要在入口处摆放亮色并且向卖场深处逐渐变暗来增强空间感。

（3）强调配色秩序

在分区域展示中，主题陈列区或橱窗陈列区应强调主色调，形成配色秩序。对于货架陈列区，如果货品为多彩色或货品色彩区分不明显时，应强调色彩的层次感和分阶段性的自然推进变化，比较适合采用渐变色秩序。如果色彩种类不多且跳跃，一般采用间隔色秩序或者重复色秩序，从而增加了协调感。对于同时有冷暖色、中性色系列的服装卖场，一般是将各色系分开，在局部可以规划部分色彩强调点，以吸引顾客视线，并形成变化。

（六）服装静态展示色彩设计的方式

在服装展示中，不同品牌的市场定位和产品品类不同，其产品的色彩往往是混合色调，色彩的设计应用比单纯行业选择更为丰富多样，展示方法也更为复杂。

1. 挂装陈列

挂装陈列分正挂和侧挂两种。正挂展示效果好，但空间利用率低；侧挂空间利用率高，易形成色块渲染气氛，但服装细节设计展示效果差。在服装展示陈列中，往往采用正挂与侧挂相结合，使两种展示方式互补（图5-2）。具体来说，挂装的色彩展示方法通常有间隔法、渐变法、彩虹法三种。

图5-2　挂装陈列

（1）间隔法

由于大部分品牌的产品品类都比较多，服装的色彩也都比较丰富，所以间隔法适用于大部分服装品牌的产品展示。一般每款服饰同时连续挂列2件以上，以不超过4件为宜。在实际应用中，间隔法又可以分为色彩间隔、长度间隔、同时间隔三种。色彩间隔是指陈列时将服装款式相近、长度基本相同的陈列在一个挂通上，只在色彩上进行间隔变化来获得节奏感的一种陈列方式。这种陈列方法常见于T恤、男衬衫、裤子等产品的陈列中。

长度做间隔是将服装色彩相同或相近、款式长度不同的服装陈列在一个挂通上，通过长短的间隔变化来获得富有韵律的美感。这种陈列方法在服装色彩比较单一的品牌陈列中较为常见。

服装的长度与色彩同时间隔是将服装按照系列进行陈列，把相同系列、不同色彩、不同长度的服装陈列在一个挂通上，获得更为丰富的节奏与韵律感。这种陈列方法适用于大部分服装品牌，是商业销售终端最为常见的一种方法。

（2）渐变法

渐变法适用于服装款式变化相对少、色系变化丰富的品牌陈列。成熟男、女装品牌或单一品牌应用的比较多。正挂色彩渐变从前向后由浅至深、由明至暗。侧列式挂装渐变从左向右、由浅至深。

（3）彩虹法

彩虹法适用于产品品类少、色彩鲜艳丰富的品牌陈列，多用于男衬衫、T

恤、领带、童装、饰品等品牌服装。

2. 叠装陈列

叠装陈列一般是通过有序的服装折叠，强调整体协调、轮廓突出，把商品在流水台或高架的平台上展示出来。这种方式的好处就是能有效节约有限空间。因为一个卖场，其空间毕竟是有限的，如果全部以挂装的形式展示商品，则卖场的空间根本不够。所以，此时可采取叠装来增加有限空间陈列品的数量。这是叠装的优势，但劣势是无法完全展示商品，因此，它配合挂装展示，能增加视觉趣味与扩大空间。叠装展示方式由于服装是折叠摆放，看不到款式设计细节，所以主要靠色彩的变化进行陈列，一般根据品牌的风格和产品色彩的特点进行组合变化（图5-3）。

图5-3　叠装陈列

（1）间隔交错法

叠装色彩交错可以有横向、纵向、斜向间隔组合。常见于款式变化丰富、色彩变化相对较少的品牌陈列。例如，双色组合、三色组合和多色组合，双色组合是指两种颜色交替变换；三色组合是在双色组合基础上以三色至多色进行组合，可以产生无穷的变化；多色组合则是指多种颜色组合变化。

（2）渐变法

渐变法多用于牛仔裤、男衬衫、T恤等色彩变化丰富、款式相对变化较少的服装陈列。渐变也可以有横向与纵向的陈列方式，还可以根据具体的品牌、产品色彩特点，采用间隔与渐变组合的陈列方式。

（3）彩虹法

彩虹法多用于领带、T恤等品类服装、服饰的陈列，多与间隔法组合应用。整体来说，在上述色彩陈列法则实际应用时，要注意无彩色的作用，饱和度高、不易融合的色彩可以用无彩色间隔，以达到色彩调和、视觉平衡的效果。

六、橱窗设计

橱窗是用来摆放有价值的大型商品，外形类似窗户。主要是指商店临街的玻璃窗，用来展示样品。例如，用来展览文物、图片等物品的橱窗，其具体形制不一。橱窗设计不是孤立的，与整个卖场的设计密切相关。设计师在进行橱窗设计构思前必须要把橱窗放在整个卖场中去考虑。除此之外，顾客是橱窗设计的受众，所以设计师必须从顾客的角度对橱窗的每一个细节进行设计规划。

（一）服装静态橱窗设计的灵感来源

1. 流行趋势

设计的灵感来源多种多样，流行趋势乃重中之重。时尚流行趋势研究主要是建立在广泛的市场调查和对社会发展趋势的各方位估测的基础上，包括各种经济、人口、文化、消费等的数据资料统计，以及社会变迁、科技发展、生态环境变化的背景分析等。

2. 顾客需求

在时尚的橱窗设计中，顾客需求也是设计的重要灵感来源之一。在这个日益更新的时装界，顾客也并非容易打发，不同的性格、年龄、地域、文化背景、收入等，都影响着顾客的消费需求。陈列师们需要根据自家品牌的针对人群，充分调查分析不同顾客需求，设计出能够让消费者产生共鸣的橱窗设计。

3. 品牌定位

当陈列师充分把握前两个灵感来源要素之后，接下来需要注意的是对于品牌的市场定位。品牌文化是不可或缺的重要信息，不同的品牌有着不同的文化背景和针对人群。定位品牌的市场档次，通过橱窗设计突显品牌文化及风格，使消费者获得视觉享受的同时也获得该品牌更深层次的内在精神。

（二）服装静态橱窗设计的分类

1. 封闭式橱窗

封闭式橱窗多运用屏风、背板、布幔等进行完全（绝对）分隔，多见于大中型商场，有单面玻璃和多面玻璃等结构形式，单面玻璃是指橱窗的沿街一面装有透明玻璃，两侧和后壁用板材隔离的售货环境，犹如一个小型舞台，形成比较理想的商品陈列空间。多面玻璃是指橱窗正面和侧面均为玻璃，只有靠墙面和后壁用板材分隔。侧面形式有三面体、四面体、五面体等，与建筑、门面设计风格相协调。封闭型橱窗可使商品陈列集中又便于应变，顾客观赏商品更直观、更专一，不受环境干扰，对树立商品品牌、传递商品信息，可达到比较理想的效果。商店的橱窗多采用封闭式，以便充分利用背景装饰管理陈列商品，方便顾客观赏。橱窗规格应与商店整体建筑和店面尺度相适应（图5-4）。

图5-4　封闭式橱窗

2. 半封闭式橱窗

半封闭橱窗是指运用屏风、背板、布幔、宣传海报等做不完全（相对）分隔，使商店内景若隐若现，或做局部分隔，或在玻璃窗上贴喷绘图片等。这种橱窗后壁设有固定装置的结构式样，一般可在后壁的下半部位置选用木板、丝绒、网帘等材料制成活络装置，随时方便商品更换。这类橱窗适宜陈列大件商品，商品陈列手法要讲究集中，数量不宜过多，要求整体视觉舒适。缺点是小件贵重商品不宜陈列，还应加强商品安全和防尘措施（图5-5）。

图5-5　半封闭式橱窗

3. 玻璃透明式橱窗

玻璃透明式橱窗可以分为双面和四面两种。双面玻璃透明型的橱窗结构是在正面（临街）和后面（商场内侧）都装有透明玻璃。它的特点是双面都可以清楚地看到橱窗内的广告内容和商品陈列。由于橱窗空间比较宽敞，可陈列大件商品，如家具、自行车、助动车、缝纫机、电冰箱、洗衣机等。商品的布局要注意对顾客的第一视觉形象能产生较好的传达作用。四面玻璃透明型是一种商场内部橱窗结构，四面都装有透明玻璃，呈全透明式，很多是设在大商场的临近入口处，或楼面商场的临近楼梯口处。设置这种岛屿式橱窗，应考虑店内顾客的流量，保证通道畅行。

4. 内开敞式橱窗

内开敞式橱窗背面无展板分隔（可能仅仅通过抬高地台），或仅有视线以下高度的展板分隔，商店内景完全对外开敞。内开敞式橱窗是一种没有后壁隔离装置，内部陈设与商场购货环境有机地连在一起的敞开型橱窗形式。商品陈列主要是靠紧临街玻璃一边光线充足、视觉良好，商店内外都能看到商品。这类橱窗不但在商场首层可以设置，在二层也能设置，便于经常更换季节性商品，显示其充足的货源，给顾客一种新鲜感。此类橱窗形式适用于时装屋以及古玩、字画、工艺品、旅游用品等商品的展示。这种橱窗形式比较适用于内部空间狭小的商店，一般商店多运用此种模式，但容易造成视觉上的混乱。因此，在设计时，要注意处理好橱窗展品（前景）与店内展品（背景）的关系。

5. 全敞开式橱窗

全敞开式橱窗多见于大商场内部，它已经脱离了橱窗的原有结构形式，成为一个类似橱窗广告形式的展示平台，四周装有护栏，是经常用于配合展销活动和新产品介绍的一种临时性陈列措施。这种形式简洁、新颖，商品的宣传效果显著，其最大特点就是商品可看、可摸。由于消费者观赏方便，容易激发购买兴趣。缺点是商品容易积灰、破损，应该缩短展示周期，同时做好安全、保洁工作。

（三）服装橱窗设计的表现形式

1. 场景式

场景展示在时装的橱窗陈列中是极为常见的一种表现方式。陈列师通过对模特、服饰、背景、灯光、视频等元素的巧妙搭配营造出一种特定的场景，让人们透过场景，看到该品牌服饰的独特魅力，从而使人们不由自主地对眼前的场景产生联想。当人们对橱窗中的场景产生共鸣时，就会想要进一步了解店内的其他服饰，这便为商店的营销带来了契机。

2. 主题式

在时装的橱窗陈列中，主题式也是一种很好的表现方式。主题式，顾名思义就是根据服装的设计主题、节日、商业活动、重大事件等，以某一理念为核心，通过相关配饰物件，组合出带有鲜明主题色彩的设计。

3. 简约式

在时装橱窗被各样道具装饰得满目琳琅的同时，简约式橱窗也备受人们的青睐。简约式就是除去一切的奢华烦琐，以简单的色调和装饰突出主体物，通过单纯的挂、穿、叠等手法，让服装自己展示自己，一目了然，朴实大方，在装饰烦琐的橱窗中显得别具一格。

4. 创意式

在浏览了各种常规化的橱窗设计之后，创意式橱窗的出现常使人眼前一亮。它是最为常见也是倍受陈列师们喜欢的一种表现手法。这类橱窗的设计通常是采用夸张的手法，利用独特新颖的造型、背景、灯光等，营造出使人耳目一新的效果。创意体现了品牌对新事物追求、对时尚追求的态度，让消费者相信，在这样一个充满创造力的橱窗背后，它的服装一定是别具一格的，这里的服装也同样可以把人塑造的与众不同。面对这样的橱窗，消费者们看到的不仅仅是服饰，也是一种艺术，在消费者发出赞叹的同时销售的大门也由此打开。

5. 系列式

在五花八门的橱窗陈列中，自然少不了系列式。所谓系列式，就是以系列为导向，注重系列大方向的排列布局，塑造有规律的美感。通常它都是通过有计划的排列来达到某种一致性，可能是服装的摆放，也可能是同一色系的运用、配饰等的布置。

（四）橱窗模特展示

1. 模特的选择

模特的选择主要是基于模特的类型、部位、色彩、姿态和质感五个方面进行衡量。按类型可分为具象模特和抽象模特。具象模特形象亲切、自然，易于营造出情景化、生活化的氛围；抽象模特更富有现代感和趣味性，易于表达前卫、个性或活泼的风格。按部位可以分为有头全身模特、无头全身模特、半身模特和局部模特。有头全身模特具有极强的逼真性，有利于烘托着装者的整体形象；无头全身模特逼真性次之，易于突出展示的服装本身；半身模特展示重点更为突出，可强调服装的细节展示；局部模特更适合服饰品的陈列。按色彩可分为白色、肤色、黑色、金银色和其他色五种。白色和肤色模特给人以纯净、舒适的感觉，适合多数服装品牌；黑色模特既可以表现高雅、低调感，也可以表现冷酷、前卫感，较适合中性、欧美或朋克等风格的品牌；金银色模特易于打造高端、贵气的视觉效果；其他色模特给人以年轻、时尚感，多用于个性、前卫风格的品牌。按姿态可分为四种：站姿、坐姿、卧姿和其他姿态。站姿和坐姿模特比较常见，可用于多数服装品牌；卧姿模特多用于内衣品牌；其他多为动作幅度较大的夸张姿态，如跑姿、跳姿，这类模特适合嘻哈、街头或运动风格的品牌。此外，还可以按质感等因素进行划分。

2. 模特的着装

单个模特的着装搭配一般需按照服装设计师的设计思路。两个或两个以上模特的着装搭配须遵循同组模特穿着同系列的服装的搭配准则。具体有以下几种搭配方法。

（1）平行色彩或图案法

模特A与模特B的上装或下装使用相同的色彩或图案，从而形成相互平行的视觉效果，这种方法具有强烈的统一感和整体感。

（2）交叉色彩或图案法

模特A的上装与模特B的下装使用相同的色彩或图案，或者反之，从而形成相互交叉的视觉效果。这种方法在统一中增加变化，更强调不同服装的差别与个性。

（3）呼应色彩或图案法

某一模特服装上的色彩或图案与其他模特的一样，从而形成相互呼应的视觉效果，这种搭配方法使服装的陈列效果灵活多变，增加了货品的丰富性。

3. 模特的姿态

有的店铺在每一季推出新产品时，对于橱窗的设计都会花上大笔财力投入，换模特、换背景等，其实大可不必，如果巧妙利用模特的站位、不同的姿态，则会呈现出不一样的穿衣风格。准确地说，一个成功的店铺橱窗包含了很多构成元素，而橱窗设计是将美术创意与零售经营叠加的一门艺术性工作。所以，如果想省钱、省时、省力，那不妨巧取，从模特的摆位上下功夫。两个以上模特组合陈列时，会产生前后、左右、高低和疏密等关系，站位组合方式的设计可遵循四个原则。

（1）疏密搭配，有均衡感

横向间距的排列上疏密有致，有利于打破过于呆板的对称效果，营造出一丝活跃的气氛。

（2）前后错落，有空间感

前后位置错落排列，有利于增强视觉效果的深度空间感，表现服装立体感。

（3）"眼神"交流，有情节感

通过改变模特的朝向可以使模特之间达到"眼神"的交流，从而营造出一定的场景氛围和情节感（图5-6）。

图5-6　模特"眼神"交流

（4）高低起伏，有节奏感

通过选择站、坐、卧等不同姿态的模特，或者改变模特的高度即可实现高低起伏的视觉效果，从而赋予了服装陈列一定的节奏感。

（五）橱窗道具

不同的展示道具和配件传达给人的信息是不同的，巧妙地使用展示道具和配件，可以充实橱窗设计的细节，体现象征意义，从而突出展示的效果。

1. 橱窗道具的分类

道具依据它在橱窗设计中的作用及形象特征可分为两大类，即自然道具和人工道具。一般说来，直接从自然界获取并用到陈列中的道具并不多，通常都要经过人工的整理与修改。如果从形态上划分，则有规则、有序的、抽象的或是生活器物类的。在此，可以把它分成三大类：吊架（也可称展示结构的组成部分）、生活道具（生活中方便取用的器物）和抽象道具（为配合展示需要自己加工的不确定物体）。

（1）吊架

吊架作为展示的道具不但配合展示效果，使陈列商品有空间的秩序感，更作为展示结构的组成部分而起到重要作用。例如，同一款式不同色彩的服装由吊架依序陈列，不仅在色彩上形成推移，吊架在结构上还起到分割的作用，产生间隔均匀的秩序美。另外，以线的形式还添补了大面积无细节处理的结构方式。同时，吊架也可认为是生活道具，将它用于陈列可带有生活的气息。吊架还可以将商品陈列于空间中的任何一点，与照明相配合，解决了空间的穿插，具有层次感，容易使狭小的空间具有深度。

（2）生活道具

生活道具是橱窗展示活动中使用最频繁的。将日常使用的器物用于展示，容易与商品构成一定的生活空间，自然而贴切，并且不需要再次加工，也符合经济的原则。由生活道具构成的展示空间具有家庭氛围，有亲和力，容易接近消费者的心理感觉，是橱窗设计生活化的体现。例如，儿童玩具橱窗，将玩具固定在放大的风车上，结构上充满了动感，巨大的风车能引起小朋友的兴趣，不仅充分利用了展示的空间，更使展示的动物玩具具有调皮、有趣、天真烂漫的儿童特点，儿童们看到这幅景象定会浮想联翩、乐不可支。另外，将身着泳装的模特置于盆栽植物所构成的虚拟自然空间之中，若隐若现，既自然真切又富有魅力。

（3）抽象道具

抽象道具作为大面积的背景处理，可以弥补空间，增加展示气氛，取得不同凡响的效果。视幻图形是抽象道具中最常使用的，作为背景的视幻图形，可以增加空间的深度感，由于视觉的紧张而具有冲击力，可引起消费者的注意。通常情况下，人的视线总是习惯沿着一定的顺序游动，自左而右、自上而下、自前而后、自中心向四周扩散等。而视幻图形容易产生导向性，把人的视线引到展示的主体上。不管使用何种道具，其目的都是增添橱窗设计的生活情趣，突出商品的特性和功能。使用道具，不能忘记商品是主体而喧宾夺主，道具只是衬托商品的展示手段，不能反复和重复使用相同的道具（图5-7）。

图5-7 抽象道具

2. 装饰道具

装饰道具是为了满足橱窗构思的需要和商品展示的要求，是服装橱窗设计中的重要组成部分。装饰道具一般分为四种：布局上的，作为艺术品来构建场景，实现设计者的构思和想法；功能性的，作为展示商品的支撑物，使商品可以更好地展示在橱窗中；价格策略上的，作为打折促销的标识，把商品的信息传递给顾客；商业性的，强调品牌文化特征。科技创新日新月异，装饰道具的使用非常广泛，可以根据不同的需要进行不断变化。

（1）烘托节日气氛

为了庆祝节日以及庆典盛事，服装橱窗设计师会将与其相关元素的装饰道具融入橱窗设计中，以达到烘托节日的气氛。通过与节日相关的装饰元素来表现节日的氛围，以表达对节日的祝福，既美化了服装橱窗从而促进销售，同时也将服装品牌融入生活中。

（2）阐述品牌文化

品牌文化是服装展示的内涵，商家可以通过装饰道具的使用来表达服装品牌的理念，阐述品牌的文化。

（3）表达设计主题

运用装饰道具在服装橱窗设计中的使用来营造出服装设计的主题，既能够增加视觉的冲击力，同时也能够让消费者更容易理解服装。

（4）标识价格策略

服装商店为了促进销售，时常会推出打折的活动，在橱窗设计中的展示是一种比较直观的方式。通过不同的装饰道具来冲击消费者的眼球，从而增加消费者进行浏览、购买的行为。一般来说，将打折信息装饰在服装橱窗的玻璃板上是比较常见的一种方式。

（5）传递季节更替

季节可以说是服装选择的一个指标，人们会根据不同的季节变化选择合适的服装。在服装橱窗设计中，这一点的把握尤为重要，通过季节的更替将服装橱窗打造成具有生活气息的场景，装饰道具的使用显得格外的重要。

（六）橱窗设计的色彩应用

橱窗色彩由商品、道具、灯光、背景、图片文字组成。商品色是橱窗广告的主题色，其他诸如道具、灯光、背景等环境色是为商品色服务的。商品色是客观存在的，它虽然可供设计者选择，但选择的余地极其有限，环境色却有广阔的天地，既能突出商品的主题色彩，又能烘托出整个橱窗的色彩气氛。橱窗色彩首先要根据商品的色彩来设计，即橱窗内的环境色紧紧围绕着商品这一主题色进行，色彩的应用与商品色的配合要处理得当。为达到突出和显示商品色彩的目的，橱窗色彩设计可运用对比关系，如冷暖对比、明度对比、纯度对比等，使环境色彩与商品色彩有所区别。

1. 冷暖对比

如果橱窗的主色调是绿色，那么用红色来衬托商品的绿色，使商品色彩和环境色彩产生冷暖对比，效果鲜明夺目，很容易把顾客的视线吸引到商品上面来。又如，橙色的运动服装橱窗，用紫色来烘托商品的橙色，不仅视觉冲击力强，而且产生动感，体现运动服装的特征。

2. 明度对比

如果橱窗大部分为黑色，那么便用亮丽的高调加以陪衬；如果色彩明度高的商品，则用深色的低调来衬托。

3. 纯度对比

鲜艳的裙装橱窗，为了使商品更加突出，其背景需要清雅的色彩；反之，纯度弱的小商品橱窗，应给予鲜艳丰富的色彩加以充实。橱窗色彩也有很多设计成统一甚至调和色调的，但必须设置追光灯照射。灯光的色彩可以和橱窗的整体色调相同，也可以相异。从某种意义上说，灯光的色彩和照度均与橱窗内原来的色彩与照度产生了对比。橱窗色彩也可以根据商品的功能来设计。冷色系色彩给人以清凉感和宁静感，夏季空调器橱窗如果使用冷色，可以使消费者联想到商品的制冷功能；暖色系色彩象征温暖感，如果用于冬季时装橱窗，能让消费者联想到商品的保暖作用。设计者要善于运用色彩不同的感情特征，满足消费者不同的需求，就是说橱窗色彩设计要适合消费者的心理。因性别、年龄、文化层次等差异，消费者对色彩有不同的审美要求。例如，女性用品的橱窗多用各种淡雅高调的色彩，如粉红、淡色玫瑰，再加少许金银等色，显示女性的温柔妩媚；男性用品则以黑、灰、深蓝等色彩，强调其庄重、洒脱；儿童喜欢对比强烈的色彩，儿童用品橱窗一般采用明朗、鲜艳、纯度高的色块组合，迎合儿童活泼、单纯的心理特征；老年用品橱窗色彩则反之。

流行色对橱窗色彩特别是时令服装的橱窗色彩有很大影响。消费者对色彩的爱好，往往随着时间的变化和审美兴趣的转移而不断改变，新异的目标是时髦心理追求的对象，在色彩方面的表现就是对流行色的追求。要满足消费者特别是年轻消费者追求时髦的心理，橱窗设计者不可忽略流行色这个因素。

此外，设计者还应根据季节变化来设计橱窗色彩，不同的色彩象征着不同的季节，给消费者的心理感受也是不同的。例如，冬末季节，将春季时装橱窗设计成淡绿色调，有一种春天来到的效果，可以给消费者身临其境的心理感受。

（七）橱窗色彩的搭配规律

1. 单色的橱窗色彩设计

单色橱窗设计，即在橱窗设计中只应用了一种颜色。单一色彩营造的展示空间，具有强化橱窗整体色彩氛围和避免其他颜色干扰的特殊作用。不过，此类色彩构成如果组织不当的话，也会使人产生视觉单一感受，所以要做好单色橱窗色彩设计，立意新颖奇特是成功的关键。

2. 同类色的橱窗色彩设计

同类色橱窗设计，主要是指色相环上，45°夹角内的色彩组合关系，包括黄色系颜色之间的组合、蓝色系颜色之间的组合等。这类色彩匹配，往往具有高度的和谐性，但是如果组合不当，常常显得有些平淡。在橱窗设计中，要想起到吸引眼球的作用，设计师往往寻求新意，但多种色彩的搭配在缺乏科学规划的前提下，往往会适得其反。而同类色的搭配，只要做好空间布局，都会取得不错的色彩展示效果。

3. 邻近色的橱窗色彩设计

邻近色相较于同类色而言，其色彩选择范围更加宽广一些，故而相较于同类色要显得更加活泼和丰富一些。红色具有促进消费的神奇功效，橙色调是让人心情愉快的色彩，甚至可以提高食欲，黄色调具有轻快、飞扬的视觉感受。红、橙、黄三个色调的搭配，可以起到使人心情愉快、促进消费的作用。

4. 对比色的橱窗色彩设计

在视觉上，对比色搭配要强于邻近色搭配，具有强烈、动感和华丽的视觉效果，属于视觉冲突较强的色彩搭配形式。

5. 互补色的橱窗色彩设计

互补色是视觉上最强烈的色彩关系。互补色的橱窗色彩设计，视觉冲突强烈，两种色彩的轮廓最为清晰，可以起到衬托和突出主题的作用。

6. 橱窗的照明设计

（1）橱窗照明的作用

①增加商品的色彩与质感。暖色调的光源照射在暖色调的商品上可增加其色彩的饱和度，贵重的金银首饰与精美细巧的工艺品、玻璃器皿等通过理想的光线照射增加反光度，可显示材料的美感及加工工艺的细巧、精致。

②烘托商品气氛。精巧的光束设计可增加商品与背景之间的空间感，色光更可以烘托出各种理想的气氛，达到预想的设计效果。

③吸引顾客的注意力。面对琳琅满目的商品，通过照明充分体现不同商品的不同特性、材料及色彩效果，利用有效的色光增加橱窗展示空间的特殊氛围来吸

引购买者的注意力是必要的。

④有效的照明可增加商品的亲和力。经色光灯照射产生出的柔和感，并配合空间的实体感受，引发购买者对商品的亲和力，从而诱发消费者购买的动机和欲望。

⑤提高销售的成功率。成功的照明设计，可以让顾客通过自身的视觉感受，自然而然地接受商家的经营策略和销售方式。

（2）橱窗的灯光选取

光线是营造摆设效果非常关键的因素，因为冲击人视觉感官的展品，应当通过光的照射就能看到。尤其对于服装摆设而言，光的作用不仅仅单纯地起着照明的作用，以满足人的视觉功能需要，还应当是美化环境、创造空间、追求完美的视觉形象的需要。光可分为自然光和人造光两种类型。人工照明有着易分布和易配置的特点，它能够根据照明的要求，借助反射器、折射器、挡光板和扩散材料等专业设施来控制和调节光量、光源、光质，以获取所需的各类视觉效果。因为自然光有着不同间断的变化，光线的移动难以维持正常的光照质量标准。所以，对于服装摆设的照明，通常都使用人工照明的方法，以达到固定不变的光照效果。另外，对于服装摆设来说，光源的正确选用能让服装达到比较好的统一效果，在视觉上和心理上给人一种协调的美感。橱窗是整体灯光运用的一个重点，各商店要依据橱窗的采光度，运用具有差异的灯光对橱窗里的服饰进行立体化的摆设，增强服饰品牌与款式风格的内质体现效果。当然，采光度不是很好的橱窗通常要结合品牌自有的色彩基础。多数国内的品牌定位主要是通过灯光的运用来体现的，灯光能够为一个服饰品牌直接诉说自身价值，而灯光是体现品牌理念的最好方式。在采光度较好的商店橱窗中，灯光是辅助性的陈列道具，它能够更好地体现服饰摆设的效果与档次，给人以明净舒畅的感觉，进而无形中提高了品牌的价值。

七、陈列设计

随着"服装陈列"概念的流行，国内各类培训机构及业界人士对"陈列"这一概念作了各种各样的诠释。其中最普遍的观点是：陈列是一门创造性的视觉与空间艺术，它包括商店设计、装修、橱窗、通道、模特、背板、道具、灯光、音乐、POP广告、产品宣传册、商标及吊牌等零售终端的所有视觉要素，是一个完整而系统的集合概念。

（一）服装陈列的常用方法

1. 科学分类法

所谓科学分类就是按照某种理性逻辑来分类的方法。例如，按年龄顺序排放，进门是少年装，中间是青年装，最里面是老年装或童装；或者左边是中档价位的服装，右边是高档价位的服装，最里边是提供售后服务的场所。

2. 经常变换法

服装店经营的是时尚商品，每刮过一阵流行风，时装店的面貌就应焕然一新。如果商品没有太大的变化，则可以在陈列、摆设、装潢上做一些改变，同样可以使店铺换一副新面孔，从而吸引顾客前往。

3. 衣柜组合法

在每个季节，消费者的衣柜都是一次全新的组合，各种场合、各种用途、各种主题的款式丰富而有序。都市生活节奏快，人们更需要衣柜组合设计方面的服务。服装店在组合商品时，不妨利用这一心理，在销售商品的同时也增加一项家政设计方面的服务。组合可分为单人组合、情侣组合、三口之家等。

4. 装饰映衬法

在服装店做一些装饰衬托，可以强化服装产品的艺术主题，给顾客留下深刻的印象。例如，童装店的墙壁上画一些童趣图案，在情侣装附近摆上一束鲜花，在高档皮草服装店放上一具动物标本。但装饰映衬法切忌喧宾夺主。

5. 模特展示法

除部分传统款式，如衬衣等，大多数时装都采用直接向消费者展示效果的方法销售。人们看到漂亮的展示，就会误认为自己穿上也是如此这般漂亮，这是一种无法抗拒的心理。

6. 效果应用法

人们进店看到的首先是一种效果，这种效果并非仅仅靠服装款式本身就能够形成，其他很多相关因素都会影响到整体效果，如播放音乐、灯光运用、放映录像等。

（二）服装陈列的基本形式

服装陈列是一种展示行为，它不只是一个简单的销售场所，它的主要功能是销售商品，从中获得利润，并且承担起传递品牌文化的角色，既要考虑它的功能性，同时也要考虑它的艺术性。它的基本形式是组成陈列厅的重要元素，它必须根据品牌的定位和格调，采用不同的陈列方式。

1. 人模陈列

人模陈列也包含橱窗陈列，即是把服装穿在人体模特台上，它能使服装更贴近人体穿着状态，将衣服的整体效果展示出来。人模陈列一般置于橱窗或者陈列厅的显要位置，用于当季重点推荐的能体现独特风格的服装。它不能用得太多太杂，比较简约和独特。人模陈列一般占地面积大，只用作整个陈列厅的点睛之笔或者是趣味中心，它的光色的运用也特别讲究，有时还带有一些情节和环境处理，可以引导消费者的视线。

2. 侧挂陈列

侧挂式服装陈列一般用于形状保持较好、不易变形走样的服装，适合一些对服装平整性要求高的高档服装。对一些从工厂到卖场就采用立体挂装的服装，可以节省劳力。此类服装在出厂前已整烫好了，可以直接上柜，试穿也很方便，并且还节省占地面积，对卖场的利用率高。侧挂陈列是服装陈列中最主要的方式，但它不能直接展示服装，需要导购员做好引导工作。侧挂式服装陈列也可以围成圆架，便于消费者从各个方面取用。

3. 平挂陈列

平挂式服装陈列是将服装正面展示的一种陈列形式。平挂陈列可以进行上、下装搭配展示，以强调服装的风格和设计卖点，它既弥补侧挂陈列不能充分展示服装的缺点，同时又避免了人模陈列受场地限制的不足。平挂的服装一般挂在货柜的上半部。而这一部分正好在消费者最容易看到的黄金视野区，取用方便，是目前服装陈列的重要陈列方式之一。它还可以正挂陈列货架的挂台钩上，并可以同时挂上几件服装，不仅起到展示的作用，同时也有储货的作用。

4. 叠装陈列

叠装陈列就是将服装折叠成统一形状再叠放在一起的陈列方式。叠装陈列的特点是整齐，可以充分利用空间，还使陈列整齐，看上去具有丰富性和立体感，形成视觉冲击。叠装陈列形式常用于休闲装中，主要是因为它的陈列形式追求一种量化，常用于一些大众化的品牌，销量比较大，需要有一定的货品储备而不需要定形的针、棉织物服装，同时也追求最大化利用。叠装陈列的整理比较费时，因此一般同一陈列厅都需要有挂装的形式出样，来满足消费者的试样需求。

5. 组合陈列

各种陈列形式都有其优点和缺点，必须根据自身的品牌特色选择陈列方式，而大部分的服装陈列是几种形式组合而成。服装陈列的组合形式首先要从理性的角度看，围绕着消费者的购物习惯和人体尺度进行组合，为了顾客购物需求，陈列师安排正挂服装时，还会安排一些侧挂的服装便于试衣，同时还留出叠放的区域作为服装销售储备。

（三）服装陈列的方式

1. 规划分类陈列

规划分类陈列是指根据服装的品类、颜色、规格等分类陈列。品类陈列是按照商品所属的种类进行陈列，如上衣和上衣一起，夹克和夹克一起，裙子和裙子一起等。颜色陈列是不管商品的分类，而是按同色系或规划好的色彩系列将商品陈列在衣架的方法。例如，女装可以按照色系进行陈列，灰色系列、紫色系列等。分类陈列能够把相关商品整理成易懂、易选、易买，把数量、尺寸、颜色等状况表现出来，陈列成顾客能直接拿出来的商品。这样顾客才能快速地辨认出不同的商品，提高了销售的效率，还减轻了销售人员的工作量。

2. 主题陈列

在卖场的演示空间，通常按一定主题展示服装，位置十分重要，是以顾客视线最先接触的橱窗或者展台作为视觉性的展现，起到提升商店、商品、品牌形象的作用。并且演示空间是把品牌的总体形象，通过卖场这个媒介传达给顾客，以得到顾客的认同，所以要重视主题展现而不是陈列技巧。可以结合某一特定节日或事件，集中陈列适时适销的服装，或者根据商品的用途，在一个特定环境中陈列服装。按主题进行陈列能使卖场形成特定的氛围或情绪，诱导顾客并使其停留，最终刺激消费者的购买欲，提高销售率。

3. 灯光特写陈列

卖场在推出新款服装或者重点商品时，常采用灯光特写陈列的形式，有针对性地布置光源和光的色彩，能够更显著地表现商品的价值，使商品以最富有魅力的效果展现在顾客眼前。照明有聚光和散光，聚光就是把光线聚集在一个较窄的立体角内，散光则是让光线向周围或者相当大的立体角扩散。照明技术能够起到提高商品档次和品位的重要作用。想要刻画立体的商品就需要适当的阴影，可使用局部照明，如使用聚光灯或射灯重点照射商品。

4. 相关商品成套搭配、小场景搭配陈列

商品演示的最大意义之一，是把商品的价值和超值告诉顾客。在陈列或演示中，只一件商品孤零零地摆放在那里，是很难表现其所有的魅力和特征的。解决的方法是：把商品成套、成系列的搭配演示，制造出小情景、小场景，这样必然会抓住顾客的视线。整合陈列相关商品，不仅能够销售更多的商品，还能传递给顾客更多的商品信息。这种方法，不是以色彩陈列和类别陈列来展示商品，而是以展示服装搭配效果，让顾客了解最新的搭配技巧，或者直接搭配出某个场合、某个场景的整体着装效果，使顾客一眼就明白服装的使用场合。

5. 色彩陈列

（1）厚重的色彩往下放

色彩也有轻重感，影响轻重的关键是明度。明度高的颜色感觉轻，明度低的颜色感觉重。陈列商品时，如果是大小差不多的商品，应该把色彩鲜艳的摆放到靠上的位置陈列，暗色放在偏下的位置陈列，这样才能使挑选商品的顾客视线自然地从上往下移动，也能够安心地挑选商品。

（2）狭窄卖场的色调变化陈列

色彩对大小的感受也有影响，浅色有膨胀感，深色有收缩感。同样的空间，用明亮米色装饰的空间看上去比用深灰色装饰的空间宽敞。也就是明度高会在视

觉上显得大，明度低则显得小。把纷繁的色彩按由浅到深的色调渐变陈列，不仅能使卖场看上去更宽、更整洁，而且能够方便顾客选择，是最具代表的色彩陈列方法。

（四）服装陈列的技巧

服装陈列对于服装销售来说有着强有力的媒介作用，直接作用于消费者。服装陈列中的种种陈列技巧虽然看似简单，但是这其中每一个小的陈列点都是陈列师精心设计的，它们既展示了服装品牌的内在精神，又承担着服装产品与顾客交流的任务。不同的陈列技巧有不同的作用。陈列师在做具体的服装陈列时，应根据不同服装或品牌的特点选择合适的陈列技巧进行使用，争取运用各种技巧使陈列总体效果满足顾客视觉、听觉和嗅觉的感受，激发其购买欲望，以达到增强购买力的目的。具体来说，有以下三点。

1. 陈列突出重点

服装陈列的形式有很多种，这点在前面也进行过介绍。通过不同的陈列方法可以取得不一样的效果，给消费者带来不同的视觉感受。

（1）突出服装的功能和特性

在商品的营销过程中，顾客在面对商品时，会经历一个引起注意、产生兴趣、购买愿望、购买行动的过程。所以，商家首先要做的就是要引起顾客的注意，通过好的陈列方式来渲染服饰品的功能和特性，能够调动顾客的兴趣从而产生购买欲望。运用广告宣传、各种道具和场景的布置，使服饰品的功能展示和特点以陈列的形式淋漓尽致地表现出来，做到主题突出、目标性强、有影响力，从而让商品本身与顾客沟通，增强顾客的亲切感，起到引起顾客兴趣和好感的作用，增强购买力。

（2）要有形式美

在具体陈列时，要根据不同的服装风格和展示场所进行分类处理。例如，可以系列化陈列的商品就根据服饰品主题、风格款式、面料、色彩等相同之处精心挑选分类之后进行系列化陈列，这样的陈列错落有致、异中见同，可以使顾客获得全面的、系统的视觉印象；在服饰品色彩、质感配合空间灯光投射可以采用对比的陈列手法，使被陈列品主次分明，视觉感突出，让人一目了然；还可以通过服饰品各种元素的组合排列，营造一种犹如音乐旋律一般的节奏和韵律，从而给顾客良好的视觉体验，顾客光临店面时，产生良好的视觉体验之后，才会根据自己的判断，做出购买与否的决定。

2. 打造专题橱窗

橱窗设计是现代服装陈列中的重要组成部分，也是服装陈列的一个重要陈列技巧，这一点在前面一章已经进行过详细介绍。运用各种艺术手法将服装的品牌内涵及其艺术属性用橱窗的形式展现出来，从而向消费者传递品牌信号，吸引消费者进店并诱发购买行为，争取与顾客的心理产生共鸣，并且获得顾客的认知和认同，从而起到促进销售的作用。

（1）场景设计

场景设计是指设计师在做橱窗时，可以根据品牌内涵和本季节的款式想要表达的主题既定一个合适的场景，可以是休闲场景，也可以是运动或购物等生活场景，这时商品自己就成为这个场景中的角色。通过对商品的场景式陈列，可以向顾客直观地展现出该商品在生活场景中所属的功能性意义，让顾客感受到使用该商品的情绪。现阶段生活都是飞速发展的，把各种现阶段人们所感受到的生活方式用生活场景的形式展现在服装橱窗中，让顾客身临其境。通过这种场景信号还原生活的本来面貌，调动顾客感官，将场景展现内容和生活相互联系，进而感受品牌文化和自身生活的相似之处，产生亲切感，从而产生对品牌的认同，达到增加购买力的目的。

（2）专题设计

随着经济的发展和人们生活水平的提高，服装不再是避寒遮羞的物件，它也随着人类文明的进步开始起到美化人类、传递文明的作用，使人们可以逐渐利用服装满足精神上的享受。用文字载体的形式模拟一个专题故事，并且通过这个故事来统合服装陈列的多种元素，使其表达更具指向性，这是一种很巧妙的服装陈列技巧，同时也对增强购买力有一定作用。一个专题故事的陈列，就必然需要服装和各种专题道具的出现，这时候，服装便成为这个专题故事的主角，所有的道具和场景都是为了突出服装和渲染故事情节。例如，童装可以设定一个游乐园的主题故事，青年装可以设定当下流行的艺术主题故事，中老年装可以设定自然主题的故事，这种陈列方式既可以深化主题，又能吸引顾客的注意力。

3. 营造店内氛围

服装陈列是服装品牌的一个新的有力卖点，可是在当今科技迅速发展的时代，顾客的各种需求不一定紧靠店内装修和各种陈列手法就能促成购买力的增加。想要提升服装购买力，必须要让顾客感受到卖场的陈列氛围，这是综合感官方面不可或缺的陈列技巧。尤其在服装店铺当中，应适当通过色彩、灯光、声音和气味等信号因素渲染氛围，使顾客在店中驻足并产生购买欲望。

（1）营造和谐的色彩氛围

色彩是有性格的，不同的色彩有不同的性格，可以传达不同的感情色彩。店铺的氛围设计，色彩也起着举足轻重的意义。在设计服装陈列时，一定要让整体色彩的设计符合商品和环境的格调，切记不可随意搭配。例如，男装店面的色彩应注意选取有体积感和重量感的稳定性色彩，但是在设计时应均衡天花板、墙壁和地面的色块差异，不然会给顾客留下压抑的感觉。

（2）创造唯美的灯光气氛

室内的照明可以直接影响店内的氛围，明亮的店铺会给顾客明快、轻松的感觉；光线灰暗的店铺会给人压抑、束缚的感觉。所以店内灯光安排合理，不仅可以增强陈列效果，还可以吸引客源，让顾客驻足店面时间增加。

（3）设计合理的声音

声音的氛围会对店铺产生积极和消极两方面影响，选择合理应景的音乐会营造很好的氛围，而嘈杂的音乐则会产生不愉快的氛围。选择音乐制造氛围时要根据店铺主推的商品进行选择，例如，童装店面应选择欢快的儿歌，流行服装店面应选择当下最为流行或者品牌代言人的歌曲，而高档的奢侈品店铺，应选择有品位的轻音乐。另外，节奏感强的歌曲还会稍使顾客心里亢奋，产生购买欲望。

（4）释放美好的气味

与声音一样，气味同样也具有积极和消极两方面影响。当顾客进入商店内部，若嗅到美好的气味会瞬时心情愉悦，反之会影响情绪。所以，可以在店铺内适当喷洒清新剂或香水（高档店铺），但喷洒时一定要注意适量，不然气味过浓也会使人反感，有甚者还会引起过敏现象。与此同时，店铺内员工不宜使用与店内环境冲突的香水，这样才能使顾客产生美好的感受，激发顾客的购买欲望。

参 考 文 献

［1］霍美霖.服装展示设计原理与实践[M].长春:吉林美术出版社,2018.

［2］霍美霖.服装表演基础[M].北京:中国纺织出版社,2018.

［3］刘玲.商业服装静态展示[J].天津市经理学院学报,2008(4).

［4］霍美霖,王熠瑶.生态理念下的服装动态展示[J].旅游纵览,2013(24).

［5］王群山.服装展示设计的空间分析[D].天津:天津工业大学,2008.

［6］余红婷.基于服装动态展示中舞台数字化创新设计应用研究[D].吉林:东北电
　　力大学,2018.

［7］索晓凡.艺术文化类服装表演策划研究[D].西安:西安工程大学,2018.

［8］霍美霖,唐靖淇.古风艺术在现代服饰秀场中的表现形式[J].艺术教育研究,
　　2020(9).

［9］皇甫菊含.国际名模录[M].北京:中国纺织出版社,2016.

附录　2023年吉林松花江畔
服饰时尚科技发布会

一、项目概况

2023年吉林松花江畔服饰时尚科技发布会采用"服装表演""3D模型动画"这一动态的展出形式以及服装模型静展，以动静结合的方式来完成一台精彩的服装及周边文化作品展演。展演从演出方式、节目、时间安排等多方面进行整体构思，以保证良好的展出效果。

展演分两天举办，包括开幕式、民族特色节目演出、服装展示（动静结合）、公益集市义卖四大部分。主体的创意框架是以科技为载体，展现朝鲜族人民底蕴深厚的民族服饰文化特色：一方面是在T台上为观众展示朝鲜族人民特色的民族服饰、穿戴效果，满足观众的观赏体验；一方面是采用3D模型动画技术，以新颖独特的展示方法，360°全方位展示民族服饰，提高观众的观赏兴趣。以动静结合的展示方式搭配3D科技的运用，打造独一无二的T台，带给观众全新的视觉盛宴。

本次展出以朝鲜族服装为主线，不仅在主题风格中展现出独树一帜的特色，而且在前期宣传、演出形式、舞台美术等多个方面都力求创新，服装上大胆用色、夸张造型，将多种简易元素融入设计和表演，精心策划一场别开生面的大型展会服装秀，为观众们呈现出鲜活灵动的舞台效果，使观众身临其境、享受其中。

二、项目目的和形式

（一）项目目的

随着中国经济的迅速发展，越来越多的朝鲜族人民由传统居住地东北三省迁往京津地区、黄河下游、长江下游、珠江下游等沿海经济开放地区。朝鲜族最大的聚居区是吉林省延边朝鲜自治州、长白山朝鲜自治县，共计人口114.5万人。现如今，国家大力推进加强对少数民族文化的保护与发展，为积极响应国家号召，特举办此次展会，以科技的方式让更多人认识朝鲜族传统民族服饰，了解朝鲜族民族文化，唤醒人们对民族文化的保护与弘扬意识。同时，以公益义卖的形式投资朝鲜族传统文化的保护，加强民族团结、民族繁荣，从而增强国家文化软实力。

（二）项目形式

现有的民族服饰文化展会都是传统的T台展示、静态展览馆展示、文化节等形式。而本次发布会，结合当今时代科技兴国的发展背景，在原有的传统表现形式基础上投入大量的科技运用，如3D建模、3D投影等技术，开发新型服装发布会方式。依托自媒体平台大力宣传本次展会的独特展示方式，拓展展会的关注度和影响力。

三、SWOT分析

（一）优势（Strengths）

1. 政策优势

我国已经建立了一套有利于少数民族文化保护和发展的制度和政策体系。民族服饰发布会是宣传民族文化的一种方式，以朝鲜族服饰为载体进一步了解朝鲜族文化，有利于得到当地政府的政策支持。

2. 社会文化

随着我国经济的高速发展，人们的审美逐渐转向民族服饰，民族服饰造型华丽，具有浓重的传统气息。

3. 科技优势

本次发布会是现在国内为数不多的以科技为载体展示民族服饰的发布会，既可以吸引科技爱好者来参展，又可以吸引民族服饰爱好者、收藏者来参观。

4. 经济

随着改革开放及社会主义建设的不断推进，我国居民的生活发生了翻天覆地的变化，物质消费已不是问题。民族服饰造型优良，价格基本上可以适应于大部分消费者水平，所以它的发展空间非常大，可吸引大量服装投资商。

（二）劣势（Weaknesses）

1. 利益问题

民族服饰的设计与展览往往牵扯各民族的相关利益，所以该如何做好与朝鲜族同胞之间的协商才是展会能够顺利发展的根本。

2. 民族文化

民族服饰的展览，不仅仅是民族的名誉所在，更是民族特色的代表之一，结合科技展览时容易出现破坏或改变朝鲜族民族传统文化本质的现象。

3. 侵权问题

展会现在展出的服饰来源广泛，展出产品多，一部分来自设计师，一部分来朝鲜族同胞制作，可能出现侵权的情况。

4. 投资问题

展会知名度较低，我国大部分服装企业经营规模小，投资力度小，但规模大会产生投资缺口的问题。

5. 人员问题

服装科技发布会案例少，社会认识度低，但本次展会规模大，容易出现人员调动失衡的问题。

（三）机会（Opportunities）

如今的世界是科技的世界，如今的市场是互联网的市场，没有了科技，就仿佛与这个世界脱了轨。科技和互联网的运用广泛，从小型饭店外卖的订购，到大型商场的支付结算，没有了科技和互联网，这一切将变得缓慢而又复杂。科技使这个世界快捷而又简单。所以，科技发布会也出于此目的，借助科技和互联网的优势，将朝鲜族传统服饰现代化、发展迅速化、产品创新化，不断将产品推向大众，有利于推动形成朝鲜族特色服饰产业链。

在国家保护少数民族政策的推动下，依托良好的政治文化背景，吸引各地朝鲜族民族文化爱好者、民族服饰收藏家的目光，出现众多发展朝鲜族地区旅游的新机遇。

（四）威胁（Threats）

据网络数据显示，国际时装已经在中国市场上占据了不可小觑的比重，各大时装发布会越来越受各界关注，这对各民族服饰造成了巨大的冲击和压力。国际品牌，尤其是国际名牌已经在中国市场有了很大的占有率和知名度，并且不断地吸引着大众的目光。而民族服饰作为各民族的象征与代表，将其日常化是很难做到的，但也并非无先例可循。

四、项目改进和创新（附表1）

附表1　项目改进和创新

新策划	旧策划
利用 SWOT 进行项目分析	没有科学分析手段
开幕前做好文化节吉祥物、Logo 及周边文创产品等配套文创产品设计，以便在节事活动期间带动收入增加	没有设计 Logo，推出相关纪念品，如手提袋、纪念卡片等具有展会代表性的周边产品

新策划	旧策划
设置夜间公益集市活动，将义卖得到的收入投入到朝鲜族文化保护与发展当中	展会的一系列活动均设置在白天举行
将发布会所展示的设计师服装设置成比赛机制，将获得第一名的参赛作品由主办方买下赠予本次展会的最大投资方作为答谢与纪念	无比赛机制，对于投资方没有物质或纪念意义上的回赠，没有形成竞争现象
有项目风险与防范措施	没有详细的保障工作方针

五、项目活动安排表（附表2）

附表2　项目活动安排表

时间		活动项目	地点	活动流程
6月26日	上午	开幕式	吉林国际会展中心1号厅	主办方领导致辞
	上午	传统民族文化节目活动	吉林国际会展中心1号厅	1. 开场《朝鲜族扇子舞》 2.《桔梗歌》 3.《松花江畔》 4.《诺多尔江边》 5.《金达莱》 6.《长白之歌》 7.《迎春舞》 8.《红太阳照边疆》 9. 谢幕《小白船》
	下午	科技"动静"服装发布会	吉林国际会展中心1号厅	公众号上可根据一人一码对自己喜爱的服饰进行投票
	晚上	创意民俗公益集市	吉林国际会展中心2号厅	纪念品、朝鲜族人民手工品、朝鲜族头饰，以及朝鲜族传统经典泡菜、冷面
6月26日	上午	科技"动静"服装发布会	吉林国际会展中心1号厅	公众号上可根据一人一码对自己喜爱的服饰进行投票
	下午	创意民俗公益集市	吉林国际会展中心2号厅	纪念品、朝鲜族人民手工品、朝鲜族头饰，以及朝鲜族传统经典泡菜、冷面
6月27日	晚上	闭幕式	吉林国际会展中心1号厅	1. 宣布科技"动静"服装发布会评选结果 2. 宣布此次活动共收入多少，并将收入捐给朝鲜红十字会 3. 主办方致辞

六、科技"动静"服装发布会演出策划

（一）演出方案（附表3）

附表3 演出方案

节目顺序	节目名称	节目介绍
1	开场《朝鲜族扇子舞》	开场以朝鲜族扇子舞表演，带动全场的氛围
2	《桔梗歌》	第一部分服装展示
3	《松花江畔》	第二部分服装展示
4	《诺多尔江边》	朝鲜族民歌
5	《金达莱》	第三部分服装展示
6	《长白之歌》	第四部分服装展示
7	《迎春舞》	朝鲜族传统民族舞蹈
8	《红太阳照边疆》	第五部分服装展示
9	谢幕《小白船》	流水谢幕

（二）模特

1. 模特的挑选

本次演出的模特及舞蹈演员由吉林传媒展览服务有限公司进行挑选，挑选合格后方可参与表演。具体标准如下：

有良好的舞台表现力。

男模：身高180cm以上，体重70~75kg，上下身差不小于10cm，脸庞有立体感，面容俊朗，身材匀称，肌肉明显，给人感觉踏实、稳重。

女模：身高175cm以上，体重不超过58kg，上下身差不小于14cm，面容姣好，身材匀称，线条流畅，给人感觉轻盈、干练。

2. 试衣步骤

把服装按编号挂号，配饰等对应好，鞋子放在相应的衣服或挂衣架下边。

按照服装编号组织模特试衣，并填写试衣单，每人一套衣服，每人一张试衣单，共计50套。

模特试衣合适后进行拍照，以便演出时穿对衣服。

试衣单每个模特人手一份，总计28份（附表4）。

附表4 试衣单

姓名		性别		出场序号	
服装名称		三围尺寸			照片
服装件数		配饰			
鞋码		走台路线			

备注：

3. 模特名单（附表5）

附表5 模特名单

单位：cm

序号	姓名	性别	身高	体重	胸围	腰围	臀围	肩宽	鞋码（码）
1	任晓文	女	180	48	78	68	89	39	38
2	夏可欣	女	178	48	78	66	89	39	39
3	王晓苏	女	180	45	79	67	88	40	39
4	高明宏	女	178	44	76	68	90	41	40
5	巩俐	女	176	49	77	68	87	39	39
6	赵鑫鑫	女	175	48	79	69	86	40	39
7	欧阳春雪	女	175	47	77	67	87	40	40
8	胡淼	女	174	48	76	66	86	39	39
9	张晓萱	女	177	45	75	67	85	38	39
10	窦依然	女	174	49	76	68	87	39	38
11	董兰芳	女	175	48	76	69	88	39	38
12	司欣艺	女	176	50	76	68	89	40	39
13	肖虹雪	女	174	49	77	69	87	41	39
14	尹佳艺	女	173	47	78	69	86	50	38

序号	姓名	性别	身高	体重	胸围	腰围	臀围	肩宽	鞋码（码）
15	于浩辰	男	190	70	99	79	87	50	45
16	刘昊旭	男	185	74	98	77	86	59	44
17	魏 来	男	185	72	95	76	85	59	44
18	王运良	男	190	75	96	78	86	58	45
19	刘荣瑄	男	187	73	97	79	88	59	43
20	周子恒	男	188	72	98	78	88	50	44
21	高舒涵	男	186	70	96	77	86	57	45
22	韩伟杰	男	189	74	96	76	87	51	43
23	孔艺豪	男	186	73	97	78	87	59	44
24	樊 淼	男	185	73	98	77	88	58	43
25	黄雨泽	男	190	76	99	77	86	50	45
26	施金裕	男	189	75	96	77	88	51	43
27	李嘉浩	男	190	76	97	78	86	59	43
28	王汝旭	男	183	73	98	79	89	50	44

注　模特名称为虚拟人名。

4. 服装分配名单（附表6）

附表6　服装分配名单

服装系列	模特编号	配饰	模特走台路线
《桔梗歌》	1、3、5、7、9、11、15、17、19、21	帽子、戒指，手镯	附图3
《松花江畔》	2、4、6、8、10、16、18、20、22、24	头饰、手提包	
《金达莱》	1、3、5、7、9、21、25、26、27、28	丝巾、帽子	附图4

服装系列	模特编号	配饰	模特走台路线
《长白之歌》	2、4、6、8、10、15、16、17、18、19	口罩	附图4
《红太阳照边疆》	1、5、9、11、12、20、22、23、24、28	手镯、包	
《小白船》	1、2、3、4、5、6、7、8、9、10、11、12、13、14、15、16、17、18、19、20、21、22、23、24、25、26、27、28	最后一套服装所带的配饰	

（三）选编音乐与灯光

1. 音乐的选择

音乐的选择要紧密贴合演出主题，由于服装体现的是朝鲜民族特色，因此本次演出的音乐主要以朝鲜民族民谣音乐为主，曲速为慢速和中速为主、快速为辅。

2. 音乐目录（附表7）

附表7　音乐目录

主题	音乐名称	曲速	时间
观众入场	《嘿嘿呀》	慢速	3分22秒
开场	《朝鲜族扇子舞》	中速	3分44秒
第一部分	《桔梗歌》	慢速	3分13秒
第二部分	《松花江畔》	慢速	2分19秒
朝鲜族民歌	《诺多尔江边》	中速	3分07秒
第三部分	《金达莱》	中速	4分12秒
第四部分	《长白之歌》	慢速	3分39秒
朝鲜族传统民族舞蹈	《迎春舞》	快速	3分14秒
第五部分	《红太阳照边疆》	慢速	4分12秒
谢幕	《小白船》	慢速	4分20秒

（四）灯光

1. 观众入场

开场前只开天幕灯，迎接观众进场，音乐做陪衬，烘托现场气氛；开场前20分钟，各大媒体、新闻记者开始进场；开场前10分钟，嘉宾入场；距开场还有2分钟时，关闭所有灯光及音乐，保持现场安静且完全黑暗状态。

2. 开场《朝鲜族扇子舞》

开场以舞蹈的形式进行热场，将气氛带动起来；灯光先开聚光灯，然后关闭聚光灯，切换天幕灯，造成忽明忽暗的感觉，使得观众的情绪高涨饱满，带着热情和好奇心来观看接下来的服装表演。

3.《桔梗歌》

1号模特出场，第一系列服装展示开始。1号模特在舞台上第一次定位时，使用追光灯进行追光，随后点亮天幕灯，随着1号模特的行走路线逐渐点亮左右两边侧面聚光灯一直到台前。灯光主要为白色。第一部分服装展示结束时全场灯光暗，并逐渐熄灭所有灯光。

4.《松花江畔》

《松花江畔》这首歌主要是通过灯光与音乐的完美结合带动服装的表达，这部分在灯光的运用上要格外注意，灯光采用天幕灯和电脑染色灯，染色灯选用浅蓝色，既要明亮又要有对比和衬托，表达出松花江无边无际、江水茫茫的画面。

5.《诺多尔江边》

音乐灯光从全场暗场，音乐响起5秒后，天幕灯和PAR灯缓缓亮起，来表现场面的秀丽和俊美，用白色展现吉林的山清水秀，鸟语花香，慢节奏的音乐和模特有节奏的步伐在表现着朝鲜族人在吉林这片丰饶的土地上欢快的生活。

6.《金达莱》

第三部分服装展示开始，1号模特出场，使用追光。随着模特的行走，关闭追光，逐渐点亮左右两边侧面聚光灯，模特走到台前定位时打开两排侧面聚光灯和简单的彩色闪光灯，直到第三部分服装展示全部结束。

7.《长白之歌》

第四部分服装展示开始。舞台左右两边的侧面聚光灯同时打开，2号模特开始展示，直到第四部分服装展示结束，全场灯光暗。

8.《迎春舞》

朝鲜族传统民族舞蹈《迎春舞》开始表演，使用追光灯进行追光，随着表演的进行，逐渐打开天幕灯、侧面聚光灯等，增强舞台效果，直至表演结束。

9.《红太阳照边疆》

1号模特出场，随着1号模特的步伐两边聚光灯即开即关，彩色闪光灯随着音乐闪硕，直至全部模特表演完毕。

10.《小白船》

黑暗5秒，天幕灯再次亮起，照在观众席上，追光从会场两侧打在舞台上，使舞台与灯光交相辉映，背景板里出现模特影像，音乐再次响起，设计师带领全部模特出场，在台上1分钟谢幕，然后设计师再带领模特退场，模特退场后只留天幕灯，方便观众下台，时长约5分钟。

（五）妆型和发型

根据本次演出的主题，女模特妆型主要采用红色晕染眼部和脸颊，发型均为低马尾，用头饰装饰。男模特妆型主要刻画眉型，发型梳起用发胶定型。

女模特和男模特的妆型和发型如附图1、附图2所示。

附图1　女模特妆型和发型　　　　　　附图2　男模特妆型和发型

（六）彩排

各部门于2023年6月25日13点在吉林国际会展中心集合进行彩排，要求相关人员检查灯光音响，场务人员开始布置舞台及观众席，模特、舞蹈演员及主持人在总负责人的指挥下有序地进行带妆彩排，尽可能将失误降低为零。

（七）走台路线图

本次发布会共5组服装，每组10套，走台路线图分为两类，如附图3、附图4所示。

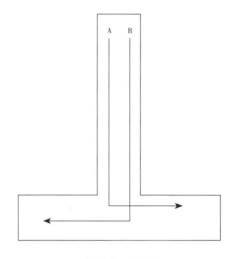

A代表女生　B代表男生

附图3　第一、第二部分服装走台路线

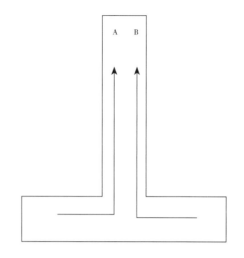

A代表女生　B代表男生

附图4　第三至五部分服装走台路线

（八）舞台效果（附图5）

附图5　舞台效果

（九）场地平面图（附图6）

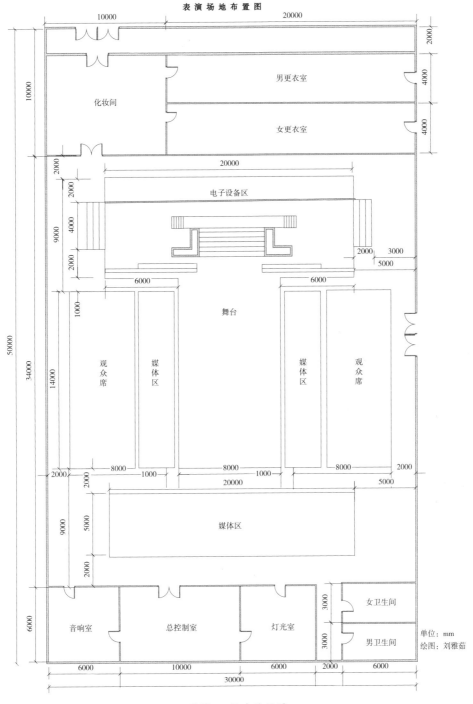

附图6　场地平面图

（十）邀请函（附图7）

（a）封面　　　　　　　　　（b）内页

附图7　邀请函

（十一）工作证（附图8）

附图8　工作证

七、项目配套活动

（一）预热活动

通过电视台、报纸、微博、微信公众号、抖音等媒体平台发布提前推广文章、宣传视频及活动安排等（详见营销推广计划）。

设置抽奖活动，各合作网络平台点击参与即可有机会获得发布会周边纪念品兑换券，以吸引更多的人参与其中。

线下的预热活动方式采用与电影院合作投放映前广告、商城大银幕投放、投放户外路牌广告等形式。

（二）同期活动

1. 朝鲜族传统民族文化节目活动

时间：2023年6月26日上午

地点：吉林国际会展中心1号厅

内容：由演员表演朝鲜族传统民族节目，包括《扇子舞》《迎春舞》、民歌演唱等传统节目。

2. 科技"动静"服装发布会投票活动

时间：2023年6月26日下午至6月27日上午

地点：吉林国际会展中心1号厅

内容：参展人员通过扫描门票上方的二维码对发布会上参赛的朝鲜族民族服饰进行投票，每人仅有一次投票机会。获奖作品将由主办方拍下赠予本次展会最大投资方。

3. 公益集市义卖活动

时间：2023年6月26日及6月27日晚上

地点：吉林国际会展中心2号厅

内容：将本次活动的周边纪念品、朝鲜族特色小吃、朝鲜族特色服饰、手工作品等，放到集市上义卖，通过义卖赚到的钱将全部用于朝鲜族民族文化保护和宣传。

八、VI设计

2023年吉林松花江畔服饰时尚科技发布会的VI设计主要以吉林省朝鲜族民族特色服饰为主，因吉林省被松花江贯穿环绕，所以将主题命名为松花江畔。本次发布会的VI设计包括Logo、吉祥物、活动海报、周边文创纪念品。朝鲜族人民喜欢穿着朴素、干净的衣服，代表人民质朴纯净的心，所以大量低饱和度色彩的运用就是与这一点相呼应。

（一）LOGO

圆形意为圆满，一是期盼发布会圆满进行，二是对朝鲜族人民生活圆满的祝福；"松花江畔"几个大字直接点名主题；红底白字的朝鲜族在整个低饱和度色彩中显得十分醒目，让人能一眼明确主角；丹顶鹤也是吉林的代表，同时具有纯洁之身的寓意，与朝鲜族人民纯净的心灵相呼应；图中的花朵既代表着举办时间在6月，百花齐放的时节，又代表着吉林省各个民族共同发展、百花齐放的情景（附图9）。

附图9　Logo

（二）吉祥物

发布会吉祥物以朝鲜族女性特色头饰、服饰为原型，设计卡通漫画版朝鲜族女性形象，取名为"素素"（附图10）。

附图10　吉祥物

（三）海报（附图11）

总要来趟吉林吧，吹吹松花江的晚风，
走走厦门街，去趟世纪广场，
感受江城的夏天

2023年吉林松花江畔

服饰时尚科技发布会

发布会时间：2023年6月25~27日
发布会地点：吉林国际会展中心

附图11 海报

（四）发布会周边文创纪念品

　　除了Logo、吉祥物、海报外，发布会还准备了手提袋、纪念卡、T恤等，参会人员可在发布会结束后以此来纪念发布会的举办（附图12）。

附图12　发布会周边文创纪念品

九、执行计划

（一）交通安排

展会期间与吉林市公交集团进行商业合作，在吉林火车站、龙嘉机场、酒店等安排若干24小时巡回穿梭巴士，大巴车身带有发布会专属Logo具有辨识度，与市政部门沟通在展会附近区域设立醒目标识路标等，以便指引参会人员及嘉宾自驾时顺利抵达发布会现场。

（二）赞助单位（附表8）

附表8　赞助单位

赞助单位	赞助内容	赞助形式	金额	回报
吉林森工集团	饮用水	带有展会Logo的饮用水饮料2万瓶	等价5万元	背景板标识企业名称和Logo，企业Logo和名称明显出现在活动官网上，活动展板1个
福源馆	节事食品	提供面包、糕点150箱等补给食物	等价2万元	背景板标识企业名称和Logo，企业Logo和名称明显出现在活动官网上，活动展板1个
李宁	现场工作人员文化衫及运动背包	文化衫400件，运动背包200个	等价5万元	工作人员服装和背包上出现赞助企业的Logo背景板标识企业名称和Logo，企业Logo和名称明显出现在活动官网上，活动展板3个
神华集团	节事活动部分经费	现金	20万元	媒体回报（安排媒体以直播的形式访谈中谈及赞助企业），背景板标识企业名称和Logo，企业Logo和名称明显出现在活动官网上，活动展板3个
腾讯集团	宣传推广	展会开展期间全程在腾讯视频直播	等价10万元	背景板标识企业名称和Logo，企业Logo和名称明显出现在活动官网上，活动展板1个，现场主持人致辞感谢
抖音平台	宣传推广	展会官方抖音账号的每条宣传视频进行推送	等价5万元	背景板标识企业名称和Logo，企业Logo和名称明显出现在活动官网上，活动展板1个

注　此项为虚拟内容。

（三）工作进度安排表（附表9）

附表9　工作进度安排表

项目阶段	工作内容	完成时间
发布会核心工作团队组建	活动总指挥	2022年9月6日
	媒体宣传小组	2022年10月6日
	现场搭建小组	2022年10月6日
	后期保障组	2022年10月6日
发布会筹备阶段	发布会总体策划定位	2022年11月10日~2023年1月10日
	活动预算	2023年1月12日
	项目谈判	2023年1月10日~2月12日
	宣传推广	2023年2月1日~6月10日
	人员筹备	2022年9月6日~2023年6月1日
发布会举办阶段	人员安排	2023年6月6日
	岗位培训	2023年5月20日~6月8日
	资料印刷	2023年6月2日
	现场布置搭建	2023年6月9日
	配套活动安排	2023年6月26~27日
验收成果	满意度调查	2023年6月29日
	总结	2023年6月30日

十、营销推广计划

　　新闻推广：在吉林电视台、吉林日报社及交通广播台进行宣传推广。

网络营销推广：与吉林通官网合作宣传推广，微信开设公众号发布推文，微博发布推文，开设抖音号发布有关2023年吉林松花江畔服饰时尚科技发布会有关趣事的短视频，发布会展主题、主要活动、最新消息。

线下营销推广：张贴海报、设立户外广告牌、在周边城市电影院投放映前广告等形式。

社会推广：以每收入1元捐赠1元的比例，全部捐赠给朝鲜族红十字会。

十一、财务预算

（一）支出部分

1. 展会部分基本支出（附表10）

附表10　展会部分基本支出

单位：人民币元

名称	单价	数量	总价	说明
展会场地费用				
1号厅 （10000平方米）	10000元/全天 （估算）	1×4	40000	展会前2日搭建，后2日演出
2号厅 （5000平方米）	5000元/全天 （估算）	1×2	10000	半天搭建，用于公益集市
餐饮费用				
11、12日自助午餐 （只供赞助商及演出工作人员）	100元/人/天	300×2	60000	
11、12日晚宴（只供赞助商及演出工作人员）	5000	2	10000	
交通补贴				
交通补贴（只供赞助商及演出工作人员）	10000	1	10000	预留资金
住宿补贴				
住宿补贴（只供赞助商及演出工作人员）	30000	1	30000	
小计			160000	

2. 应急准备资金（附表11）

附表11　应急准备资金

单位：人民币元

名称	单价	总价	说明
预留应急资金	100000	100000	

3. 其他支出（不完全统计附表12~附表14）

附表12　其他支出-1

单位：人民币元

名称	单价	数量	总价	说明
主办费	100000	1	100000	由双方协商而定，此处估算
临聘工作人员	100元/人/日	约50	20000	含预留资金
现场工作人员	200元/人/日	约25	40000	
小计			160000	

附表13　其他支出-2

单位：人民币元

名称	单价	数量	总价	说明
舞台搭建	8000	1	8000	
投影设备	5000	45	225000	
资料费用	活动指南	300	300	
	邀请函	3000	3000	含邮费
	证件	300	300	
电费	200	2	400	
小计			237000	

附表14　其他支出-3

单位：人民币元

项目	金额	说明
中介费用	5000	科技服饰发布展会推介费
科技投影展台	12600	300元/个×42个

项目	金额	说明
广告和企业赞助商		会刊广告 4000元×20+2500元×15=117500 其他赞助方式 25000+60000+30000+2500+2500+2500=122500
小计	17600	

（二）收入部分

1. 展会相关活动收入

设置三档赞助商。

钻石级赞助商1名，赞助费15万元人民币/家。

回报方案：安排钻石赞助商在开幕式上发表简短致辞（不超过8分钟）；享有企业推介会独家冠名权；享有企业推介会的推介主体机会；展会官网宣传，如链接、新闻贴、通栏、海报；展会成果宣传的杂志宣传；接待台背景板、资料夹、部分横幅、海报、易拉宝展示赞助企业的名称或Logo。

铂金级赞助商2名，赞助费10万元人民币/家，铂金赞助商总收入20万元人民币。

回报方案：展会当天所有立体宣传物展示赞助商名称及Logo；展会官网宣传，如链接、新闻贴、通栏；展会成果宣传的杂志宣传；指引牌、易拉宝展示赞助企业的名称或标志。

白银级赞助商3名，赞助费10万元人民币/家，白银级赞助商总收入30万元人民币。

回报方案：为期3天的海报宣传，主要在人流大的地方（写字楼广告牌、公交车宣传）；可由贵公司提供产品进行现场宣传；2023年3月在公众号以及官网插入广告；活动前、活动期间以及活动后为贵公司派发宣传单。

2. 其他收入（附表15）

附表15　其他收入

单位：人民币元

名称	单价	数量	总计	备注
参会者门票	500元/张	300张	150000元	
小计			200000元	

3. 盈亏计算

利润计算见附表16。本次展会的最优收益为185400元，按展会利润的60%作为本次发布会的最次收益标准，本次发布会最次收益为111240元。

附表16　利润计算

单位：人民币元

名称	金额	备注
支出	814600元	
收入	1000000元	
利润	185400元	

十二、预期效果

以科技的方式让更多人认识了朝鲜族传统民族服饰、民族文化，继承发扬了民族特有服饰文化。

以公益义卖的形式投资朝鲜族传统文化的保护，加强民族团结，增强国家文化软实力。

十三、项目风险与防范

（一）项目风险

客流量：人员过多或过少，使会展活动达不到预期效果。

特定的场地：可能会出现场地被占用的情况。

拥挤的人群：有一定概率会发生各类事故，如偷盗事件、恶意破坏。

工作人员和志愿者：可能会出现人员不足，影响会展活动顺利进行。

设施设备：可能会出现设备突然损坏或故障，导致活动无法进行。

行驶车辆的停放：车辆过多，出现乱停乱放的现象，影响城市交通管理和展会形象。

（二）防范措施

1. 被盗事件解决流程

一旦接到发生偷盗的报警信息，安保人员应迅速拨打报警电话"110"，应沉着、准确报告发案地址、发生案件情况、报警人姓名及电话号码。

在拨打报警电话的同时，还应立即将情况报告主管和领导（可以利用监控中心通知），并通知巡视岗位安保人员前来协助。必要时，可以由安保主管调配其他岗位安保人员前来支援，保护现场人员，人员不得擅自离开。

未经公安机关和领导许可，参与维护现场人员不得将案件情况和公安人员现场侦破进展随意在管辖区内散播；严禁对案件作评论和与他人公开分析猜测，保持现场安静，避免吸引更多的围观人员；对于新闻媒体前来采访报道的，现场人员应委婉拒绝。

2. 巡视中发现的正在实施偷盗的行为

安保人员在巡检过程中发现的正在实施偷盗的行为，应在隐蔽处立即用对讲机（声音不要过大，自己能听清楚就可以）呼叫就近的其他岗快速支援；在等待支援的同时，安保人员还应密切关注盗贼一举一动，注意盗贼的人数和衣着、体形特征，是否有凶器等；切勿贸然自行上前与盗贼搏斗，以免寡不敌众受到人身伤害。

其他岗在接到紧急救援信息时（30秒内赶到），应立即通过公司办公室各类突发事件电话报警，打报警时应沉着、准确地报告发案地址、案件发生情况、报警人姓名及电话号码。

在其他岗到来之前，第一现场安保人员应在盗贼不易发现的地方前去接应，以免打草惊蛇；前来支援的安保人员到齐（至少2人以上）后，应实施现场堵截、抓捕行动；抓捕盗贼的过程中，一要注意自我保护，二要避免肆意殴打对方，更不能私设公堂，以免造成不必要的纠纷；待公安机关到来，应将盗贼移交对方，并要积极配合公安机关案件调查、侦破。

3. 恶意破坏公用设施

若发现辖区内有恶意破坏公用设施的行为，应立即上前制止其行为，将破坏者牢牢控制，保护好现场；并报告安保主管现场核查处理后，拨打报警电话（可根据情况决定机动处理），请求公安机关前来处理。

公安机关人员到来之前保护好现场，及时做好记号。